本书为中国博士后科学基金资助项目成果（项目编号：2020M682063）

本书为福建省社科研究基地重大项目成果（项目编号：FJ2019JDZ028）

本书为"福建农林大学杰出青年科研人才计划"资助项目成果（项目编号：xjq2020S1）

当代中国公民生态文明价值观培育研究

罗贤宇◎著

中央编译出版社

Central Compilation & Translation Press

图书在版编目（CIP）数据

当代中国公民生态文明价值观培育研究 / 罗贤宇著. —
北京：中央编译出版社，2021.12
ISBN 978 - 7 - 5117 - 4089 - 2

Ⅰ. ①当…　Ⅱ. ①罗…　Ⅲ. ①生态文明 - 环境意识 -
公民教育 - 研究 - 中国　Ⅳ. ①X321. 2

中国版本图书馆 CIP 数据核字（2021）第 272237 号

当代中国公民生态文明价值观培育研究

责任编辑	兰　鹏		
责任印制	刘　慧		
出版发行	中央编译出版社		
地　　址	北京市海淀区北四环西路 69 号（100080）		
电　　话	（010）55627391（总编室）		（010）55627312（编辑室）
	（010）55627320（发行部）		（010）55627377（新技术部）
经　　销	全国新华书店		
印　　刷	北京中兴印刷有限公司		
开　　本	710 毫米 × 1000 毫米　1/16		
字　　数	187 千字		
印　　张	14		
版　　次	2021 年 12 月第 1 版		
印　　次	2021 年 12 月第 1 次印刷		
定　　价	79. 00 元		

新浪微博：@中央编译出版社　　　　微　　信：中央编译出版社(ID: cctphome)
淘宝店铺：中央编译出版社直销店(http://shop108367160. taobao. com)　（010）55627331

本社常年法律顾问：北京市吴栾赵阎律师事务所律师　闫军　梁勤
凡有印装质量问题，本社负责调换，电话：（010）55626985

目　录

序一：深入扎实开展生态文明价值观 的宣传培育研究

顾名思义，生态文明价值观就是一个社会中人们关于生态文明及其建设的价值理念、感知与行为取向的整体性认知态度。也就是说，它意味着人们不仅在科学知识与社会需要的意义上认可接受生态文明及其建设的重要性，而且在心理意识层面上认同、在行为选择偏好上倾向于符合生态文明理念原则的言谈举止。因而，在新时代中国特色社会主义现代化建设的背景下，生态文明价值观及其形塑，既是社会主义生态文明理论与实践研究的重要内容，也是社会主义核心价值观宣传践行的有机组成部分。

在理论层面上，生态文明价值观及其形塑的要旨，是系统性阐释与构建当代社会中社会主体都应该具备的符合生态文明理念原则的理念认知、立场态度与行为规范。具体来说，它具有如下三个方面或维度的质性特征：一是科学知识性，二是社会规范性，三是大众文化性。所谓科学知识性，指的是这些理念知识或行为规范必须是基于科学知识和合乎科学精神的，尤其是要符合我们对于自然生态规律和经济社会规律的既有科学认知，至少是不能违反这些科学或生活常识的。比如，尊重自然、敬重自然、顺应自然、保护自然，就是基于人类社会（文明）长期历史发展的自我认知与反思所得出的科学价值认知。否则的话，即便在科技昌明的当代，我们也无法逃脱大自然的无情惩罚与报复。所谓社会规范性，指的是这些理念知识或行为规范必须是已被广泛认可为社会先导性的或代表着社会（文明）未来的，尽管这种确认所采取的未必一定是现行社会中普遍使用的表决方式。比如，绿色低碳循环的经济生产与生活方式，虽然在现实生活中还远未成为一种主流性的公共政策与个体行为选择，但它的必要性或先进性无疑已经得到国际社会绝大部分成员的承认。相应地，"零排放"或"零碳"已经成为一个社会经济先进性或竞争力强的显性标志之一。所谓大众文化性，指的是这些理念知识或行为规范必须是已得到相当广泛的普通民众的认可、遵从或追逐的，尽管这并不意味着它们已经成为或很快成为一种大众性生活选择。比如，绿色简约生活在现实社会中仍是一种较为小众的现象，但它们正由于其生态道德品性和与人类身心健康的正相关而受到越来越多人群的认可推崇。可以说，上述特征要求既表明了当今时代大力推进生态文明建设特别是价值观宣传培育的重要意义，也决定了我们生态文明价值观理论阐释与构建的大致论域或"地平线"。换言之，那些不符合甚至悖逆这些特征要求的生态文明价值观理论阐释与宣传教育多半会是劳而无功或事倍功半的。

在实践层面上，生态文明价值观及其形塑的要义，是通过制度化或常态化的适当宣传培育渠道让越来越多的普通民众特别是青少年学生拥有这方面的理念知识、态度立场并付诸切身行动。具体而言，它包括如下三个主要渠道或路径：一是学校教育，二是社会宣传，三是实践培育。学校教育是指各类、各等级学校中所开展的关于生态文明价值观的以知识理念为主的教育，即"我应该做什么"或"我应该怎么做"。需要指出的是，这方面的教育实际上是由两个部分组成的，即关于生态环境保护、可持续发展、生态文明建设议题的专门性课程或专题知识教育和那些融入整个课程教材与学生培养体系的专业知识教育，而后者如何更好地实现与前者的内在契合一致，仍是学校现行生态文明价值观教育中的一个亟待解决的突出问题。比如，工商管理学中传统的财富界定及其管理教育是很难与生态文明的经济与生活理念协调和解的。社会教育是指各种社会制度形式或平台所提供的关于生态文明价值观的既包括理念知识、也包括行为示范的教育，即"我喜欢哪些人"或"我向哪些人看齐"，而现代工商业和大众传媒在这其中扮演着特别重要的角色。一方面，现代工商业的生产营销宣传和人才衡量标准，再加上越来越可视化的高科技新媒体，正在共同塑造一个大众消费主义的世界以及人们的世界观、价值观、人生观；另一方面，这两大领域的"绿化"或向生态文明价值观的转向，也会最终带来整个社会经济基础或社会构型意义上的深刻转型。实践教育是指社会个体或社群在切身参与生态文明建设实践过程中所学习到的理念知识、所发生的态度行为改变，即"我言行一致"或"我知行合一"。必须明确，实践教育或德行培育是所有人尤其是青年学生生态文明价值观形塑过程中必不可少的一个环节步骤。无数事实表明，人的知识和行为之间往往会存在着巨大的差距甚或鸿沟，即知道本身并不一定会带来相应的正确行为，而在生态文明及其建设议题领域也不例外。大到绿色经济与生态民主的大政方针决策，小到节约用水用电与绿色出行的日常消费行为，现实生活中言行不一或做的没有说的好的情况比比皆是。因而，实践或践行是生态文明价值理念学习巩固和立场态度转化的重要环节或催化剂，理应给予更充分的关注。同时，也必须强调，实践教育或德行培育并非只是学校或社会尤其是家庭的事情，而必须是二者的制度化日常化结合。可以说，生态环境议题所带来的一个重大突破，就是彻底改变了社会政治及其动员的公共或私人分野，即个人的也是政治的，而最为典型的就是家庭垃圾及其处置已经明确成为一个大众性社会政治话题，检验或改变着成千上万普通民众的道德认知与行为取向。

改革开放特别是党的十八大以来，党和政府大力推进的广义的生态环境保护治理工作或社会主义生态文明建设，既是一场波澜壮阔的国家生态环境治理体系与治理能力现代化努力，也是一个影响深远的社会主义生态文明价值观阐释构建与宣传培育的社会政治运动。比如，党的十八大报告和十九大报告都高度强调了生态文明观念宣传教育与推动绿色生活实践的极端重要性，而习近平总书记2018年5月在全国生态环境保护大会讲话中更是明确指出，生态文明建设同每个人息息相关，每个人都应该做践行者、推动者。不仅如此，这二者之间是相互影响、互为动力的。一方面，这种软硬并举、协同推进的动力机制是非常必要的，因为不仅好的制度可以规约与改造人，而且人的先进观念也会成就与滋养制度，另一方面，这种动力机制的形成既不是一个自然而然的结果，也未必一定就会呈现为一种良性互动的构型，因为现实中无论是制度重构层面上还是观念培育层面上的各种努力都会受到对方以及其他诸多因素的制约或干扰。也就是说，社会主义生态文明价值观及其培育将是一个十分复杂的、蕴含着多种可能性的历史进程。因而，我国生态文明学界或理论工作者的一个重要使命，就是立足于马克思主义生态学的基本理论与方法，脚踏实地去发现问题、研究问题并提出自己的科学认知与方案建议。

罗贤宇博士是我国生态文明研究学界崭露头角的青年学者，已取得了出类拔萃的科研成果，包括独立主持国家社会科学基金青年项目，是十分难能可贵的。尤其令人高兴的是，他的这一专著《当代中国公民生态文明价值观培育研究》，系统而深入地分析了我国公民生态文明价值观培育的历史演进、现实进展、现存问题与挑战、体系构建与路径选择，是该议题领域中国内学界目前尚不多见的专题性著作，在一定程度上深化了我们对于这一议题领域的理解与认知。由于共同的学术志趣与爱好，笔者近年来与罗贤宇博士联系颇多，曾数次受邀前往他所在的福建农林大学马克思主义学院做学术讲座，而他也不辞劳苦于2021年秋季来到北京大学马克思主义学院访学。因而，欣慰与赞赏罗贤宇博士在科研道路上的惊艳起步，更希望他在未来学术探索过程中潜心钻研并取得更多的优秀学术成果，在他的新著即将付梓之际，欣然同意撰写上述文字以示鼓励。

是为序。

北京大学马克思主义学院教授、博士生导师、

教育部"长江学者"特聘教授　郇庆治

2021 年 11 月于北大燕园

序二：走向生态文明

　　在人类历史的长河中，文明一直是人类追求的发展形态。迄今为止，人类经历了原始文明、农耕文明、工业文明和生态文明。在长期的发展过程中，人们从茹毛饮血的远古时期，就不断地从大自然中汲取能够供养自己所需要的资源，大自然以其无私慷慨滋养着人类一代又一代。然而在人类进入资产阶级工业革命之时，生产力几乎得到了爆发式的发展，正如马克思、恩格斯在《共产党宣言》中所说："资产阶级在它的不到一百年的阶级统治中所创造的生产力，比过去一切世代创造的全部生产力还要多，还要大。自然力的征服，机器的采用，化学在工业和农业中的应用，轮船的行驶，铁路的通行，电报的使用，整个整个大陆的开垦，河川的通航，仿佛用法术从地下呼唤出来的大量人口——过去哪一个世纪料想到在社会劳动里蕴藏有这样的生产力呢？"① 由此可见，资产阶级工业革命大力促进了生产力的发展，给资本主义社会带来了极其丰裕的物质生活。然而谁也不会想到资产阶级工业革命对生态环境到底带来了什么。

　　随着人类对自然的征服能力越来越强，一个新的问题逐渐浮出水面，那就是生态环境问题。人类在征服自然、改造自然并且从大自然

---

① 《马克思恩格斯选集》第 1 卷，北京：人民出版社 2012 年版，第 405 页。

中取得生活资料的同时，也对自然生态环境造成了难以挽回的损害，破坏了生态平衡。就此而论，在学术界形成了两种截然不同的观点：即自然中心主义和人类中心主义。自然中心主义认为人类是自然界的一部分，自然界是一个相互依赖的系统，人只是其中的一个成员，因此人并非天生比其他生物优越，所有有机个体都是生命的目的中心。而人类中心主义认为人是万物的主宰，只有有意识的人才是主体，自然是客体。价值评价的尺度必须掌握和始终掌握在人的手中，任何时候说到"价值"都是指"对于人的意义"。同时人类中心主义认为人类的一切活动都是为了满足自己的生存和发展的需要，如果不能达到这一目的的活动就是没有任何意义的，因此一切应当以人类的利益为出发点和归宿。人类中心主义实际上就是把人类的生存和发展作为最高目标的思想，它要求人的一切活动都应该遵循这一价值目标。对此恩格斯曾经在《自然辩证法》中告诫我们："我们不要过分陶醉于我们人类对自然界的胜利。对于每一次这样的胜利，自然界都对我们进行报复。每一次胜利，起初确实取得了我们预期的结果，但是往后和再往后却发生完全不同的、出乎预料的影响，常常把最初的结果又消除了。"① 对于我们来说，我们既不能沉溺于自然中心主义而使得我们在自然面前不敢作为，甚至无能为力，也不能沉溺于人类中心主义对自然进行无限的掠夺。因此我们既要正确地科学掌握和运用自然规律来为人类造福，也要时刻警惕自然生态环境的破坏对人类的深刻影响乃至毁灭性的打击。

当今社会，人类面临着一系列生态环境问题，正是人类过度掠夺自然而造成的恶性后果，如水资源短缺、生物多样性锐减、全球气候变化、酸雨污染、臭氧层空洞、有毒有害化学品和废物越境转移和扩散、海洋污染、土地沙漠化、水土流失、森林减少等，这些都是人类面临的前所

---

① 《马克思恩格斯选集》第3卷，北京：人民出版社2012年版，第998页。

未有的生态环境问题。中华民族向来尊重自然、热爱自然，绵延 5000 多年的中华文明孕育着丰富的生态文化。生态兴则文明兴，生态衰则文明衰。习近平总书记多次强调，"生态文明建设是关系中华民族永续发展的根本大计，保护生态环境就是保护生产力、改善生态环境就是发展生产力，要像保护眼睛一样保护生态环境，像对待生命一样对待生态环境，坚持生态优先、绿色发展"。① 因此生态文明建设是实现中华民族伟大复兴之路的重大课题。

然而我们应该深刻认识到生态文明建设并不是一个宏观的制度设计，也不能仅仅依靠党和政府的高位推进，更需要每个公民积极的生态行动，那么公民积极的生态行动从何而来呢？生态行动来自于生态意识，生态意识来自于对生态环境问题的总的看法，也就是公民的生态文明价值观。因此积极培育公民生态文明价值成为生态文明建设不可或缺的一个重要内容。全社会的公民树立正确的生态文明价值观，不仅有利于党和政府生态文明大政方针的贯彻落实，也能够从全社会树立起良好的生态文明价值风尚，为建设美丽中国和生态文明形成合力。就此而言，罗贤宇博士适时出版的专著《当代中国公民生态文明价值观培育研究》顺应了生态文明建设的时代需要，也迎合了美丽中国建设的需要。正如作者在其专著的内容提要中所言，作者试图将思想政治教育与生态文明价值观培育的研究相结合，发挥思想政治教育在人们观念塑造方面的独特优势，积极探讨公民生态文明价值观的培育问题，力图使生态文明价值观成为人们的广泛共识，让广泛的"生态共识"转化为积极的"生态行动"。思想是行动的先导，生态文明价值观就是公民个体生态思想最为核心的内容，通过培育公民个体的生态文明价值观，在全社会形成尊重自然、保护环境的价值理念，通过实践行动把这种价值理念转化为外在的生态行为，那么一个"人人

---

① 习近平：《推动我国生态文明建设迈上新台阶》，载《求是》，2019 年第 3 期。

秉持生态文明价值观，人人践行生态行为"的社会必将呈现出一幅生动美丽的生态画卷。如果说党和政府的大政方针是在宏观方面指导着生态文明和美丽中国建设，那么罗贤宇博士出版的专著则从个体的微观方面为生态文明和美丽中国建设提供重要的参考。

是为序。

南京理工大学公共事务学院教授、

博士生导师　章荣君

2021 年 11 月于南京紫金山

第一章　绪论

人类社会进入 21 世纪以来，全球频频爆发的极端自然灾害、经济和社会危机无不表明人类文明体系正在遭受有史以来最为严峻的挑战，人类社会生存和发展道路的选择从未如此紧迫地摆在面前。要克服这场危机，选择绿色发展道路，就需要生态意识的集体觉醒，需要生态观念的代际传承，投射到每一个公民身上，就是要树立一种新的价值观——生态文明价值观。

第一节　生态文明价值观
培育研究产生的背景

"美丽中国"是党的十八大首次明确的生态文明建设总体目标。2015 年 5 月，中共中央、国务院发布的《关于加快推进生态文明建设的意见》中明确提出要"弘扬生态文明主流价值观"。① 十九大提出的"我们要牢固树立社会主义生态文明观，推动形成人与自然和谐发展现

---

① 《中共中央国务院关于加快推进生态文明建设的意见》，北京：人民出版社 2015 年版，第 4 页。

代化建设新格局。"① 生态文明作为当代中国的主流价值体系的重要组成部分，是对马克思主义生态思想和中华民族优良传统中生态思想的继承与发展，也是当代中国公民所追求的目标与理念。因此，在当代中国现代化建设进程中亟须培育公民生态文明价值观，为我国全面建设社会主义现代化强国提供指引。而公民是生态文明价值观最主要的承载者和传播者，在中国社会转型处于国内外环境的双重压力背景下，培育以符合中国社会进步潮流的生态文明价值观，引领共识，是本书研究的起点。

一、生态环境的恶化成为生态文明价值观培育研究的根源

改革开放以来，我国经济得到了迅猛发展，但经济发展的同时也带来了严重的生态环境问题。由于对生态环境保护工作的认识不足，尤其是生态文明价值观还未在全体公民中牢固树立起来，造成我国的生态环境持续恶化。因此，这就有必要探究这背后深层的根源。2013 年，我国遭遇史上最严重的雾霾天气，雾霾大面积的集中爆发是大自然发出的警告，并且环境保护部专门通报了中东部地区大面积灰霾污染情况。雾霾天气的出现不仅严重地影响了人们的正常生活和身体健康，而且造成了人们的普遍焦虑，影响到了人们的心理健康。此外，我国仍然是世界上荒漠化最严重的国家之一，根据第五次全国荒漠化和沙化监测结果，我国荒漠化土地面积达到 261.16 万平方千米。2018 年，酸雨区面积约 53 万平方千米，占国土面积的 5.5%，其中，较重酸雨区面积占国土面积的 0.6%。② 2018 年，全国地表水监测的 1935 个水质断面（点位）中，

---

① 习近平：《决胜全面建成小康社会夺取新时代中国特色社会主义伟大胜利——在中国共产党第十九次全国代表大会上的报告》，北京：人民出版社 2017 年版，第 52 页。
② 中华人民共和国生态环境部：《2018 年中国生态环境状况公报（摘录一）》，载《环境保护》，2019 年第 11 期。

劣 V 类比例为 6.7%①，这些都是在经济发展中造成严重的环境恶化，从而带来了人类对于人与自然之间关系的审视与思考，重新寻找人与自然相和谐的价值观念和生产生活方式。自中国共产党第十七次全国代表大会报告中首次明确提出建设生态文明的目标以来，生态文明建设已被提升到党和国家意志的高度。党的十八大对如何大力推进生态文明建设做出了战略部署。党的十八大以来，在"五位一体"总布局和"美丽中国"目标的指引下，生态文明建设摆上了新的历史高度。党的十九大报告更是把"美丽"二字写入社会主义现代化强国的目标，报告中有43 次提及生态，"生态文明"被提及多达 12 次，明确了将建设生态文明定为中华民族永续发展的千年大计，这是中国共产党在理论与实践上的一次重大飞跃，表明我国在新时代中国特色社会主义开启的历史进程中进入了一个崭新的生态文明时代。党和国家对生态文明建设的一系列推进，为培育当代我国公民生态文明价值观奠定了良好的基础。

二、公众生态文明意识淡薄成为激发生态文明价值观培育研究的内生动力

可持续发展的生存之道，根基在于人与自然的和谐相处。2014 年，国内首次针对公众生态文明意识进行专门调查研究，经过历时一年的调查研究，形成了《全国公众生态文明意识调查研究报告》，并正式发布。这份报告填补了中国公众生态文明意识研究领域的空白，也指出了一个亟待解决的问题——中国公众生态文明意识呈现"高认同、低认知、行为表现不够"的特点，表现出了公众的生态文明意识和生态文明行为之间存在脱节、盲目跟风现象②，从侧面反映了公众生态文明意识的淡薄。

---

① 中华人民共和国生态环境部：《2018 年中国生态环境状况公报（摘录二）》，载《环境保护》，2019 年第 12 期。

② 环境保护部宣传教育司编：《全国公众生态文明意识调查研究报告》，北京：中国环境出版社 2015 年版，第 68 页。

当前我国公民的生态文明意识尚处于一个较低水平，缺乏生态文明价值观和环境保护意识，影响了我国生态文明建设与美丽中国建设，生态文明价值观培育目前未能引起人们足够重视，在提高全民族生态文明意识，协调人与环境可持续发展方面还有欠缺，这使得公民生态文明价值观培育作用越发显得重要。

三、弘扬生态文明价值观，使人类与自然之间建立休戚与共的和谐关系

人与自然的关系是人类历史亘古不变的话题。马克思指出："只有在社会中，人的自然的存在对他说来才是他的人的存在，而自然界对他来说才成为人。因此，社会是人同自然界的完成了的本质的统一"。① 当人类面临越来越多的生态环境问题时，也越发认识到人与自然应当是休戚与共的和谐关系，如果不保持这种和谐关系，人类必将受到大自然的报复，而生态文明价值观就是在此背景下孕育而产生的。价值观是一个历久弥新的理论问题和实践问题，属于社会意识范畴。它是一个民族的精神支柱，是一个国家的黏合剂，是当代中国凝聚改革共识的基础。历史证明，信仰失落必定导致人心涣散、社会失序。当前，中国社会要成功完成现代社会转型和美丽中国梦，必须培育当代中国生态文明价值观。作为一个发展中的人口大国，中国要在 21 世纪中叶建成社会主义现代化强国，就必然要在经济增长与环境保护之间需求平衡，实现可持续的发展。党的十九大将建设生态文明定为中华民族永续发展的千年大计，这就要求在全社会牢固树立生态环保意识，在人类与自然之间建立休戚与共的和谐关系，培育公民生态文明价值观，才能迎来社会主义生态文明新时代的曙光。

---

① 《马克思恩格斯全集》第 42 卷，北京：人民出版社 1979 年版，第 122 页。

第二节 生态文明价值观
培育研究的时代意义

一个人的成败，一个家庭的兴衰，一个国家和民族的存亡，无不与价值观息息相关。建立与中华传统美德相承接、与中国国情相结合的生态文明价值观体系，是新时代坚持和发展中国特色社会主义的一个重大课题。新中国成立以来，党和国家十分重视生态环境保护、生态文明建设。1987 年，我国著名的生态农业科学家叶谦吉首次提出"大力提倡生态文明建设"，引起了人们的共鸣。加快推进生态文明建设，既是适应中国特色社会主义新时代的必然要求，又能为经济社会发展注入新动力。如何建立既与中国特色社会主义新时代相适应又与美丽中国建设相适应的生态文明价值观，是亟须研究的理论和现实问题。系统研究当代公民中国生态文明价值观的理论基础、分析框架、历史演进、现状与困境分析、体系构建及其培育路径，是解决这一问题的关键。

一、生态文明价值观培育研究的理论意义

（一）拓展价值观教育和思想政治教育的研究

生态文明是当代中国的主流价值体系的重要组成部分，研究公民生态文明价值观培育可以丰富思想政治教育对价值观教育的应用研究。与此同时，生态文明价值观培育与思想政治教育的目的是根本一致的，即传递一定的社会主流思想，把社会所要求的思想品德和价值观念内化为教育对象的观念，并促使其外化为相对应的道德行为，最终实现人的自由而全面的发展。因此，加强公民生态文明价值观培育的研究能够丰富思想政治教育的研究，拓展其研究空间。

（二）丰富了社会主义生态文明话语体系

话语体系是对问题意识蕴涵的核心理念、价值取向、政治立场和内在逻辑的共识表达。党的十八大以来，习近平总书记带领中国人民在生态文明建设方面取得的成就，引起了全世界瞩目。党的十九大提出："中国特色社会主义进入了新时代。"中国作为后发国家可以跨越工业文明的"卡夫丁峡谷"，实现文明形态的跨越发展。加强培育公民生态文明价值观研究，有利于丰富社会主义生态文明话语体系。

二、生态文明价值观培育研究的现实意义

（一）为解决现实的生态危机提供思想指导

公民生态文明价值观培育的实质是价值观问题，是对人类社会发展实践在理论的指导与哲学的反思，从大力号召绿化祖国、确立环境保护的基本国策到可持续发展观、科学发展观、和谐社会的理论，再到习近平生态文明思想，都是围绕人与自然、社会之间的发展问题进行的总结与反思，同时又对当今的生态文明建设起到了重要的指导作用。因此，深入研究公民生态文明价值观的培育，可以为解决现实的生态危机提供思想指导。

（二）为社会主义生态文明建设与美丽中国建设提供实践指导

社会主义生态文明建设是当代中国的重要战略之一，对于实现中华民族的永续发展和建设社会主义现代化强国至关重要。当代中国公民生态文明价值观培育从人的全面发展出发，把人与人、人与社会、人与自然关系作为研究的基本问题，将马克思主义生态观与社会主义生态文明观相结合，从思维方式、生产方式、生活方式三个维度来探寻培育公民生态文明价值观的具体目标，从生态文明价值观的理论基础、分析框

架、历史演进、现状与困境分析、体系构建及其培育路径来研究培育公民生态文明价值观,系统探讨生态文明价值观培育问题。生态文明价值观揭示了生态文明社会发展的规律和核心理念,为社会主义生态文明建设与美丽中国建设提供了理论基础和实践的指导,具有很强的现实意义。

第三节 生态文明价值观 培育研究的思路与方法

一、生态文明价值观培育研究的思路

本书紧紧围绕公民生态文明价值观培育这一核心问题,借鉴马克思主义生态观、中国传统文化中的生态思想、西方绿色运动中的生态思想、新时代生态文明建设等理论研究成果。本书首先在思想政治教育的学科框架内,通过对生态文明价值观的相关概念界定、内涵与特征以及培育分析框架的组成要素进行阐述,清晰界定了本书的系统框架。其次,在系统梳理新中国成立以来我国公民生态文明价值观培育的历史演变的基础上,分析当前我国公民生态文明价值观培育的现状以及面临的现实困境,并分析其产生的深层次原因。再次,本书在针对问题的基础上,从生态文明价值观培育的重要理念、基本原则、具体目标、主要方法等层面来探讨当代中国公民生态文明价值观培育思路的整体建构。最后,本书在研究问题的基础上得出结论,针对问题,分别从生态文明价值观培育的主体、客体、内容、活动、载体方面提出了培育的有效路径。本书的创新之处在于研究视角、研究思路与研究内容比较新颖,基于生态文明价值观培育的基础理论、实践路径的研究,将一般理论研究与实证研究相结合,从内容、原则、目标、方法和路径等层面探讨公民生态文明价值观的培育机制，使生态文明价值观成为人们的广泛共识，让广泛的"生态共识"转化为积极的"生态行动"，从而为实现美丽中国宏伟目标提供建议和参考。研究遵循着"问题提出—理论分析—现状梳理—问题剖析—体系构建—路径探讨"相结合的逻辑思路。

二、生态文明价值观培育研究的方法

第一，文献研究法。对当代中国公民生态文明价值观培育的研究，主要采用了文献研究法。围绕人与自然之间的关系，系统地归纳了马克思主义经典著作中的生态思想、中国传统文化中的生态思想、西方绿色运动中的生态思想以及新时代生态文明建设的研究成果与观点。

第二，理论分析法。围绕"公民生态文明价值观培育"这一主题，根据研究需要，对现有理论进行有机整合，以思想政治教育视角关注人与自然的冲突，从对当前公民生态文明价值观培育的现状分析、现实困境、原因剖析、体系构建、培育路径等方面进行全面系统地理论分析，为深化理论研究与拓展研究视野提供新的理论基础。

第三，历史分析法。历史唯物主义是马克思社会发展理论的基本观点之一，对于建设生态文明具有重要意义。本书以历史分析法来论述新中国成立以来中国的公民生态文明价值观培育逻辑思路，沿循"绿化祖国的生态觉醒""确立环境保护的基本国策"到"可持续发展意识的培育"，再到"科学发展观的培育"，最后到"生态文明价值观的培育"演进。它体现着新中国成立以来中国对生态文明规律性解读的日益深化，并揭示了生态文明价值观培育逻辑思路符合国情演进的必然性。

第四节　生态文明价值观
培育研究的重点、难点及创新点

一、生态文明价值观培育研究的重点

第一，系统梳理了当前我国公民生态文明价值观培育的理论基础。系统地归纳马克思主义经典著作中的生态思想、中国传统文化中的生态思想、西方绿色运动中的生态思想以及新时代生态文明思想的研究成果与观点，这是研究当前我国公民生态文明价值观培育的前提和基础，也是本书研究的重点。

第二，系统梳理了新中国成立以来我国公民生态文明价值观培育的历史发展。依据环境保护的状况和价值观念的更新，新中国成立以来我国生态文明价值观培育的历史发展经历了萌芽阶段（1949—1991 年）、奠基阶段（1992—2001 年）、发展阶段（2002—2011 年）到成熟阶段（2012 年至今），这四个历史阶段是密不可分，紧密联系的。

第三，当代中国公民生态文明价值观的培育问题。当前，从思想政治教育的学科视角研究生态文明价值观的尝试还为数不多。即便国内有个别学者从哲学、伦理学等视角探究生态文明价值观问题，但从整体性、综合性的视角来研究当代中国公民生态文明价值观及其培育问题的还并不多。推动当代中国生态文明建设需要什么样的价值观？如何才能培育这种价值观？回应这个美丽中国建设的关键性问题，是本书研究的核心任务之一。分析针对当前的培育困境，研究当代中国公民生态文明价值观培育的有效路径是本书的重点。

二、生态文明价值观培育研究的难点

第一，从思想政治教育学科视野把握公民生态文明价值观及其培育问题具有一定的难度。本书研究的主体对象是公民生态文明价值观培育，如何确立本书的分析框架，显得十分重要。本书从思想政治教育学科的视野出发，以生态文明价值观培育的五个基本要素（主体、客体、内容、载体与环境）来构建研究分析框架，并从这五个方面来讨论培育过程中遇到的困境，针对困境提出有效路径。这是贯穿于本书的核心思想，也是本书的创新点。

第二，如何确立和培育有利于推进当代中国生态文明建设的价值观极具挑战性。各类社会思潮大量引入中国，市场朝向的改革也大大解放了人们的思想。价值多元成为个性解放的口号。如何坚持以新时代生态文明思想为引领，按照推进马克思主义中国化的时代要求，将借鉴西方国家治理经验与发掘中国优秀传统文化有机结合，确立和培育符合当代中国国情和公民思想实际的生态文明价值观，具有很强的现实性、前沿性，也是本书需解决的另一难点。

第三，公民生态文明价值观的培育路径是本书研究的落脚点，这就需要我国大力开展生态文明教育，但现阶段，受我国生态文明教育发展水平的影响，即生态文明教育的课程设置、制度保障、队伍建设还明显不足，这决定了公民生态文明价值观的培育是一个长期的、历史性的过程，需要在实践的基础上进行理论创新，用与时俱进的生态文明教育理念培育生态文明价值观，这是一项理论与实践相结合的长期性研究。因此，如何从政府、学校、社会、家庭等方面来构建系统的生态文明教育体系，也是本书解决的难点。

三、生态文明价值观培育研究的创新点

第一，研究视角较新。学界关于当代中国公民生态文明价值观培育

的研究尚没有充分展开，研究成果较少，也尚未见到相关的专著或博士论文，远未形成系统的理论体系和实践机制。因此，本书从公民生态文明价值观培育的视角所做出的系统研究，既能体现生态文明价值观的时代精神，又能构建一整套公民生态文明价值观培育的理论体系。

第二，研究思路较新。本书的研究从思想政治教育的学科视野出发，充分发挥思想政治教育在人们观念塑造方面的独特优势，将思想政治教育与生态文明价值观培育的研究相结合，借鉴了思想政治教育系统的基本要素，来构建系统的生态文明价值观培育研究的分析框架，从而获得思想政治教育关于培育公民生态文明价值观问题的把握与理解，进而提出对策与建议，在现有的研究成果中尚不多见。

第三，研究内容较新。许多学者对生态文明价值观培育的一般性问题进行了研究，但是由于缺乏研究的立足点且聚焦不够，相关研究还不够系统。本书以问题为导向，着力于系统探讨当代中国生态文明价值观培育的历史演进、困境分析、体系构建与路径探讨等，将一般理论研究与实证研究相结合，从生态文明价值观培育的五个组成要素来讨论培育中的现实问题与解决思路，从而构建了本书系统的分析框架。

第二章 生态文明价值观培育的
理论基础与分析框架

以公民生态文明价值观培育问题为研究对象，首先需要对相关核心概念和本质内涵做出明确的界定。其次，通过系统梳理马克思主义生态观、中国传统文化中的生态思想、西方绿色运动中的生态思想以及新时代生态文明建设的理论研究成果，建构当代中国公民生态文明价值观培育研究的理论基础。最后，本章通过研究生态文明价值观培育的主体、客体、内容、载体、环境等基本要素及其相互关系，构建生态文明价值观培育研究的分析框架，为本书的研究奠定理论基础。

第一节 生态文明价值观的本质内涵

一、生态文明的内涵

生态文明是由"生态"和"文明"两个词组合而成，因此要理解生态文明的内涵，首先要理解"生态"和"文明"两个词的含义。

生态文明中的"生态"，源于自然科学的生态，但不能简单地理解为纯粹的自然生态，它已经远远超过自然科学的范畴，是自然科学与人文社会科学的交融。① 在西方国家中，文明是人们的普遍用语，文明是指人类文化发展的成果。关于文明的分类，没有统一的标准，按照不同的分类标准，文明可以分为不同的类型。按照社会制度的不同，可以分为奴隶社会文明、封建社会文明、资本主义文明以及社会主义文明；按照时间顺序，可以分为原始文明、农业文明、工业文明、生态文明；从具体内容来看，可以分为物质文明、精神文明、政治文明、生态文明等；从地域方面考虑，可以分为两河流域文明（美索不达米亚文明）、古埃及文明、古印度文明、中国文明等。

关于生态文明的概念，学界还存在诸多争议，出现了多种说法，学者们分别从不同的视角进行了阐释，主要从共时性和历时性的角度来阐释。第一，从共时性的角度来看，目前较为普遍的看法是将生态文明看作与物质文明、精神文明、政治文明并列的一种文明形态，共同构成中国特色社会主义文明体系。第二，从历时性的角度来看，人类经历了原始文明、农业文明到工业文明，并将最终走向生态文明。此外，也有学者把生态文明看作是反思经典现代化道路，以生态现代化为导向的一种新的文明，而任何一种文明的产生、发展、维系，都需要对生态环境保持高度警觉和敏感，都必须前瞻性地应对可能发生的种种环境危机，都要非常自觉地努力与环境保持协调发展。②

国内最早提出"生态文明"的学者是叶谦吉先生。1988 年，中国著名农业经济管理和生态经济学家叶谦吉先生首次明确提出"生态文明"概念。叶谦吉教授在《生态农业——农业的未来》中认为："生态文明的时代，就是人与自然之间建立一种和谐统一的关系，人利用自然，又保护自然，是自然界的精心管理者的时代。"③ 这是我国学者首次

---

① 廖福霖：《生态文明学》，北京：中国林业出版社 2012 年版，第 11 页。

② Arthur P. j. Mol, "Environment and Modernity in Transitional China: Frontiers of Ecological Modernization", *Development and Change*, January 2006, pp. 29 – 56.

③ 叶谦吉：《生态农业——农业的未来》，重庆：重庆出版社 1988 年版，第 333 页。

呼吁 21 世纪应是生态文明建设的世纪，人与自然应该成为和谐相处的伙伴。

生态文明是由生态和文明两个概念复合而成的范畴，是一种新的文明形式。生态文明，作为人类文明的一种形态，与传统文明，特别是与工业文明有着很大的不同。工业文明强调人是自然的主人，而生态文明则认为人是自然的一员，要求科学技术以协调人与自然之间的关系为最高准则。它包括了四个类的文明层面：一是物质文明层面，是一种新的生产方式和生活方式，主要是发展生态生产力及其生态文明经济，确立生态文明消费观及其消费模式，这是根本；二是精神文明层面，是一种新的世界观和方法论，新的文化发展体系，这是指导；三是政治文明层面，是一种新的制度和机制，新的社会发展体系，这是保障；四是类的生态文明层面，即生态恢复与建设，环境治理与保护，这是当务之急。①

二、价值观的内涵

价值观是人类社会关系的核心，是基本的社会行为准则。作为一种社会意识现象，价值观概念因其复杂性而具有差异较大的内涵，在不同的社会存在条件，不同阶级、阶层、集团或共同体等利益主体会形成对价值观不同的理解和认识，这是由现实的社会存在决定的。

价值观就是在观念意识上，引导人们社会行为的基本准则。

第一，价值观是观念意识上的准则——思想上的尺度。在处理社会人际关系时，价值观可用以判别是非，指导行动。

第二，价值观是引导社会行为，调节社会活动的平衡机制。不仅个人每天的行为是围绕着价值观上下波动的，社会中绝大多数人的行为也是围绕着价值观波动的，从而保障社会行为的一致性、协调性和整体均衡性。

---

① 廖福霖：《生态文明学》，北京：中国林业出版社 2012 年版，第 10 页。

第三，价值观是基本的准则，比一般的伦理道德准则更为抽象。所以价值观往往适用于多种社会角色，保证人在角色中转换的协调性。

价值观因社会经济基础关系不同，而彼此间具有较大的差异性。例如在农业文明为主导的社会中，注重集体和族群的整体利益，强调大公无私的献身精神，并以此作为社会主流的基本价值观。而在工业文明社会中，又强调人格平等和人身自由，把人的权利作为主要的取舍标准，形成在市场经济下特有的基本价值观。

价值观因社会角色不同，彼此间也会有一定的差异性。例如，企业注重经济效益，追求利润回报。企业家的价值观，与教书育人的教师的价值观相比，就会有较大反差。

每个社会都有一个适用于全体公民的最基础的价值观——基本价值观，还会有一系列适用于不同社会角色的特定价值观。这些价值观彼此协调，相互平衡，形成一个价值体系。可以把它简称为"价值体系"。在价值体系中的价值观彼此可以不同，但又必须相互兼容。所以价值体系既是社会角色中各个成员间的平衡机制，也是不同社会角色中人们间的平衡机制，还是社会整体的平衡机制。[①]

三、生态文明价值观的内涵

生态文明价值观是一种全新的价值观，它是生态文明社会的价值取向。价值的实质是有用，有用才产生价值，人的社会价值是因为人生活在世界上对社会、对他人有用，那么人生就有价值，作用越大，价值越高，否则相反。因此，生态文明价值观把价值扩延到整个社会生态系统与自然生态系统。

从根本上说是人类价值观在面临当前生态问题的基础上所进行的价值目标转向。立足点是从人与自然两个角度来考虑的。社会主义核心价

---

① 金建方：《人类的使命》，北京：东方出版社 2018 年版，第 129 页。

值观 24 个字中的"文明"内涵丰富，不仅指物质文明、精神文明、政治文明、社会文明，还包括生态文明。因此，生态文明价值观是社会主义核心价值观在生态文明建设方面的重要体现。2015 年 5 月印发的《中共中央国务院关于加快推进生态文明建设的意见》指出："将生态文明纳入社会主义核心价值体系，提高全社会生态文明意识。"① 体现了社会主义核心价值体系中涵盖了生态文明价值观的内容。

培育和践行公民生态文明价值观是一个长期的系统工程。伴随着人民对美好生活需要的不断提升，生态文明价值观也得到了广大人民的普遍价值认同和自觉践行。生态文明价值观的理论来源于四个方面，一是源于马克思主义生态观；二是我国传统文化中的生态思想；三是吸收了主要来自西方的浅生态学、深生态学思想，包括生态学马克思主义和生态社会主义等思想；四是中国共产党特别是党的十八大以来对于生态文明建设的理论与实践的重大创新。

廖福霖教授认为："和谐与和平是生态文明价值观的最高准则。和谐是多样性的包容，多样性导致复合生态系统的稳定性。和实生物，同而不继。"② 体现了和谐是生态文明价值观的核心，和而不同体现了生物的多样性，多样性的包容是生态文明价值观的根本要求，从人与自然的辩证关系的层面来深刻阐述了生态文明价值观的内涵。

因此，生态文明价值观是以生态文明为核心价值，为实现人类与自然之间建立休戚与共的和谐关系，以建设美丽中国为目标，主要内容包括：建立符合自然生态法则的文化价值观、树立公平正义的生态法治观、践行满足自身需要又不损害自然的消费观、构建生态系统可持续发展下的生产观。它是新时代我国建设生态文明的价值指引。

---

① 《中共中央国务院关于加快推进生态文明建设的意见》，北京：人民出版社 2015 年版，第 4 页。
② 廖福霖：《生态文明知识问答》，北京：中国林业出版社 2019 年版，第 96 页。

第二节　生态文明价值观
培育研究的理论基础

一、马克思主义生态观

近年来，人与自然的关系成为学术界关注的焦点和探讨的主流话题，并引发了重读马克思人与自然观的热潮。2018 年 5 月，习近平总书记在纪念马克思诞辰 200 周年大会上指出："学习马克思，就要学习和实践马克思主义关于人与自然关系的思想。"① 马克思把人与人的关系归根结底归纳到人与自然的关系，表明了马克思对人与自然关系的重视，是对世界这个统一体系的科学认识，并形成了马克思主义生态观。

唯物辩证法认为，世界万物都有其内在的直接或间接的联系。首先，马克思、恩格斯历来把人类社会与自然界作为一个紧密联系的系统，认为它们是相互作用的，所以恩格斯指出"辩证法是关于普遍联系的科学"②，后来恩格斯又进一步把辩证法规定为"关于自然界、人类社会和思维的运动和发展的普遍规律的科学"③ "辩证法的规律是从自然界的历史和人类社会的历史中抽象出来的"。④ 恩格斯把自然的发展和人类社会的发展作为历史发展的统一体来阐述的，所以辩证唯物主义的三大规律即对立统一规律、量变质变规律和否定之否定规律，也是人类社会与自然协调发展运动的共同规律。此外，马克思、恩格斯认为人与自然

① 习近平：《在纪念马克思诞辰 200 周年大会上的讲话》，载《人民日报》，2018 年 5 月 5 日。

② 《马克思恩格斯选集》第 3 卷，北京：人民出版社 2012 年版，第 841 页。

③ 《马克思恩格斯选集》第 3 卷，北京：人民出版社 2012 年版，第 520 页。

④ 恩格斯：《自然辩证法》，北京：人民出版社 2018 年版，第 75 页。

界的物质变换过程就是两者不断交互作用的过程。在这一过程中，不仅人的活动影响和作用于自然界，而且自然界也对人的活动产生影响和制约。

其次，马克思、恩格斯分析人与自然是本质的统一。恩格斯指出："我们连同我们的肉、血和头脑都是属于自然界和存在于自然界之中的。"① 恩格斯反对自然主义的历史观，反对抹杀人的主观能动性，反对无视自然客观规律的人类行为，人类应该发挥自身的主观能动性，顺应自然规律，使人与自然达到本质的统一。

再次，人与自然不仅存在统一和一致，也存在对立和冲突。马克思、恩格斯对资本主义工业化发展所导致的人与人、人与自然的异化进行了深刻的反思，认为异化不仅是由资本主义私有制造成的，而且是由资本主义的生产方式导致的，从制度层面揭示了生态危机的根源是资本主义制度。在此基础上，马克思预想的共产主义社会是"自然的人道主义"与"人的自然主义"的有机统一的社会，是一个生态有序、平衡的社会，这个社会促使人和社会建立和谐关系，人和自然界建立和谐关系。

最后，马克思认为，只有到了共产主义社会，"社会化的人，联合起来的生产者，将合理地调节他们和自然之间的物质变换，把它置于他们的共同控制之下，而不让它作为盲目的力量来统治自己"。② 实现"自由人联合体"是实现"合理调节"的社会的前提条件，"合理调节"遵循最佳效益原则与最无愧于和最适合于人类本性原则的相统一规则。"最佳效益"原则要求用最少的资源获得最大的效益。"最无愧于和最适合于"人类本性原则要求人的生产、生活既要考虑到人的自然属性又要考虑到人的社会属性，也就是把人的这两种属性统一起来，人与自然之间的物质交换不能损坏自然生态系统和自然资源，一定要保证以维持人

---

① 《马克思恩格斯选集》第 3 卷，北京：人民出版社 2012 年版，第 998 页。
② 《马克思恩格斯全集》第 25 卷，北京：人民出版社 1974 年版，第 926 页。

与自然之间的互动平衡。① 因此，从社会发展形态上看，社会主义是超越了资本主义的新的社会形态，是共产主义的初级阶段；而从人类文明形态上看，生态文明吸纳了工业文明的积极成果，是对农业文明和工业文明的改造和提升。②

此外，自然辩证法是指导人们正确处理人与自然、人与人、人与社会关系的基本理论和方法。自然辩证法在自然和社会生活中对于人们价值观的树立、社会行为的规范都起着重要作用，必须高度重视自然辩证法。马克思、恩格斯从来都是从世界的联系性这一特点出发对自然界和人类社会进行整体性研究。恩格斯指出："我们所接触到的整个自然界构成一个体系……它们是相互作用着的……只要认识到宇宙是一个体系，是各种物体相联系的总体，就不能不得出这个结论。"③ 恩格斯以宏大视野认识整个宇宙，认识到世界联系的客观性和普遍性。

马克思主义哲学从来都把人与自然的关系作为着力解决的问题。人不可胜天，现代科学技术不可为所欲为。自然是生命之母，人与自然是生命共同体。人类善待自然，自然也会馈赠人类。即便是工业文明，马克思也高度肯定了它为人化自然作出的历史贡献。工业文明强调人类对自然的征服，以人类中心主义的姿态对地球立法、为世界定规则，强调人定胜天。现实的问题在于，自然科学与技术在改变人们生产方式和生活方式的同时，也带来了潜在的、不可控的风险；在某种程度上，现代生态系统的高度紧张，恰恰源于人们对科技进步的盲目应用。

习近平总书记指出："马克思主义哲学深刻揭示了客观世界特别是人类社会发展一般规律，在当今时代依然有着强大生命力，依然是指导

---

① 刘国华：《中国化马克思主义生态观研究》，南京：东南大学出版社 2014 年版，第 24 页。

② 刘德海：《绿色发展》，南京：江苏人民出版社 2014 年版，第 24 页。

③ 《马克思恩格斯选集》第 3 卷，北京：人民出版社 2012 年版，第 952 页。

共产党人前进的强大思想武器。"① 理论一经被群众掌握，也会变成物质力量。我们要坚持用马克思主义生态观来指导新时代中国生态文明建设。

因此，当代中国生态文明价值观的培育要以马克思主义生态观为指导思想，就是要在培育生态文明价值观过程中坚持马克思主义的基本立场和原则，在考察人与自然的关系时，坚持从实践的观点出发，从系统的观点出发，从整体的观点出发，从而阐述和构建生态文明价值观体系，并传授给公民。

二、中国传统文化中的生态思想

中华文明传承五千多年，其中蕴含了丰富的生态思想。2018 年 8 月，习近平总书记在全国宣传思想工作会议上指出："中华优秀传统文化是中华民族的文化根脉，其蕴含的思想观念、人文精神、道德规范，不仅是中国人思想和精神的内核，对解决人类问题也有重要价值。"② 中国传统文化是世界文化宝库中的瑰宝，它博大精深、内涵丰富，其中蕴含了丰富的生态思想。习近平总书记还强调："要把优秀传统文化的精神标识提炼出来、展示出来，把优秀传统文化中具有当代价值、世界意义的文化精髓提炼出来、展示出来。"③ 因此，这就需要系统梳理中国优秀传统文化中的生态思想，提炼出来、展示出来，这将成为当代中国生态文明价值观培育的理论基础，其中以儒家、道家、佛家为主，以下分别做出阐述。

---

① 中共中央宣传部：《习近平总书记系列重要讲话读本》，北京：学习出版社、人民出版社 2014 年版，第 175 页。

② 《习近平在全国宣传思想工作会议上强调举旗帜聚民心育新人兴文化展形象更好完成新形势下宣传思想工作使命任务》，载《人民日报》，2018 年 8 月 23 日。

③ 《习近平在全国宣传思想工作会议上强调举旗帜聚民心育新人兴文化展形象更好完成新形势下宣传思想工作使命任务》，载《人民日报》，2018 年 8 月 23 日。

（一）儒家文化中的生态思想

"天人合一"思想起源于《周易》，是中国古代思想中最深层的观念。儒家文化中包含着博大精深的生态思想。儒家的生态道德，是一种推己及人、由人及物的道德。"天人合一"是儒家生态思想的核心。"天人合一"思想最早由《周易》提出，春秋战国诸子百家初步阐发，宋代张载予以全面论证。儒家"天人合一"思想中的"天"指自然界，"人"指人类社会，"合一"指人与自然和谐。① 中国人自古就有亲近自然、追求人与自然和谐共存的文化传统。2000多年前，庄子提出："天人合一"思想，其核心是倡导人与大自然和平共处，而不是征服与被征服。这一思想不断发展，成为传统文化的重要组成部分，也是中国文化对人类突出的贡献之一。它表现在先秦诸子百家思想中，尤其是儒道两家。后经汉初的黄老思想、汉儒魏玄思想的洗礼与发展，奠定了后世"天人合一"思想的基本内核。②

2014年5月4日，习近平总书记在与北京大学师生交流时，引用了不少名言警句，其中之一就是"天人合一"。

"仁"是儒家思想的最高范畴，也是孔子思想的核心，儒家进而将"仁者，爱人"发展到"仁民爱物"，由此将对人的关切由人及物，把人类的仁爱主张推行于自然界。之后，荀子、孟子以及其后的宋明理学家们，将仁爱的思想推及世间万物。

在如何处理好人与自然的关系的问题上，儒家提倡适度索取的"中庸之道"。对此，2016年1月，习近平总书记在省部级主要领导干部学习贯彻党的十八届五中全会精神专题研讨班上，引用孔子《论语》中"子钓而不纲，弋不射宿"的经典语句，寓意在于因为大网所捞必多，

---

① 余谋昌、雷毅、杨通进：《环境伦理学》，北京：高等教育出版社2019年版，第97页。
② 任俊华、刘晓华：《环境伦理的文化阐释》，长沙：湖南师范大学出版社2004年版，第7页。

对于鱼类、对于自然会造成伤害；飞鸟归巢，它们也需要栖息繁殖。指出我们的先人们早就认识到了生态环境的重要性。这些关于对自然要取之以时、取之有度的思想，具有十分重要的现实意义。

2018 年 5 月，习近平总书记在全国生态环境保护大会上，引用孟子《孟子·梁惠王上》"不违农时，谷不可胜食也；数罟不入洿池，鱼鳖不可胜食也；斧斤以时入山林，材木不可胜用也"① 等古语。在这里，儒家无疑是倡导合理地利用自然资源，所持有的无疑是"取物不尽物""取物以顺时"的生态伦理观。

（二）道家文化中的生态思想

中国儒家是以"仁"为核心的人文主义，而道家则是以"师法自然"为内容的自然主义。"道"的思想涵盖几乎所有领域，其中不乏人际和生态的关系，而"得道"，就是要实现人与世间万物的矛盾统一，人与自然万物是一个整体，不分物我，不分彼此。这种崇尚人物合一、肯定人与自然之间的共性的思想对后世有着深远的影响，在鲁迅的《从百草园到三昧书屋》中，这样写道："油蛉在这里低唱，蟋蟀们在这里弹琴。翻开断砖来，有时会遇见蜈蚣；还有斑蝥，倘若用手指按住它的脊梁，便会啪的一身，从后窍喷出一阵烟雾。"② 这只是人与自然间通灵的一个场景，但也是"天人合一、物我两忘"核心思想高度融合于现代生态伦理学的真实再现。③

中国传统文化中，道家文化中的生态思想最具生态意蕴，其关于人与自然关系的思想，集中阐述于老子的《道德经》："人法地，地法天，天法道，道法自然。"④ 指的是人必须遵循地的规律特性，地生长万物必

---

① 《习近平在全国生态环境保护大会上强调坚决打好污染防治攻坚战推动生态文明建设迈上新台阶》，载《环境教育》，2018 年第 5 期。
② 鲁迅：《朝花夕拾》，天津：天津人民出版社 2015 年版，第 40 页。
③ 叶小文：《民族文化基因是中国梦的魂与根》，载《光明日报》，2014 年 9 月 24 日。
④ 老聃：《道德经》，太原：山西古籍出版社 2000 年版，第 44 页。

须服从于天，天以道作为运行的依据，而道就是自然而然，不加造作。由此可以看出，在人与自然的关系上，道家以"人法地"来主张人应该顺应自然。这里指的"地"近似于当今语境中人们赖以生存的"自然"之意。因而这里的"人法地"是指人应尊重自然规律，顺应自然，不能随意改变万物的自然状态，而违背了"人之道"。

道家主张人顺应自然并不是要求人们消极地不行动，而是要求不妄为，做到"无为"，在道家看来，人们只有以自然无为的态度去对待天地间的所有自然之物，才能使它们处于本然的圆满自足状态，才符合"道法自然"的根本要求。庄子进一步发展了老子的生态思想，主张"物无贵贱"，认为天下万物都有自己的不同的位置，没有贵贱之分。贵贱是由人以世俗的观点而定的；因而人们对万物要兼爱，兼容万物，不能有偏心。

至此，不难发现，道家文化为当代中国生态文明价值观培育提供了宝贵的思想资源。人类只有认识到大自然的"道"及其价值，才能在情感与理智上与之相融，从而有效地限制人类对大自然的破坏。

（三）佛家文化中的生态思想

佛家文化中也具有丰富的生态思想，"一切众生悉有佛性"是佛教生命观的根本观点。例如佛教提倡"勿杀生"的理念，表达了对人类自身生命和自然万物生命的敬畏与尊重。[①] 佛教的这种生态思想具有超越现代人类中心主义价值观的意义，有助于人与自然的和谐。

"无缘大慈，同体大悲"也是佛教生命观的基本观点，指自己与自然万物是同属于一个共同体，要感同身受地将自然的痛苦看作自己的痛苦，要把慈悲之心普度到自然万物，把自然环境看成是生命的组成部分，要爱护自然万物与生命。另一个方面，佛教慈悲行为的思想中也提

---

① 秦书生：《中国共产党生态文明思想的历史演进》，北京：中国社会科学出版社 2019 年版，第 44 页。

出了"业报"，众生作业必然产生相应的报应。就像恩格斯在《自然辩证法》中写道："我们不要过分陶醉于我们人类对自然界的胜利。对于每一次这样的胜利，自然界都对我们进行报复。"① 佛教主张诸恶不做，拯救生命，众善奉行，善业获善报，就体现了一种对生命的保护行为，体现了对生命和人类生存环境的尊重。

佛教众生平等的观念将动物、植物、山河、大地一切都视为具有佛性的平等存在，将世间万物视为与人类具有同等尊严的生命主体，具有明显的生态思想的特征。而且众生平等并不仅仅是一种哲学的思辨，更是佛教徒的清规戒律，在生活中得以彻底的贯彻实施。佛教徒遵守不杀生、吃斋、放生等宗教清规，将除人类之外的生物视为与自己同等的伦理主体，给予尊重和关怀。佛家的众生平等的思想作为一种生态思想具有浓厚的宗教性，并不能成为社会普遍的价值信条，但是佛家尊重自然、关怀自然的思想与实践客观上起到了保护生态的积极作用。②

综上所述，我国传统文化博大精深、源远流长，其中包含着许多关于人与自然关系、社会发展和资源环境关系的观点。以上从儒家、道家、佛家三种文化探讨了人与自然的关系，形成了各自的生态思想体系。系统总结我国传统文化中的生态思想，以探寻中国古人在天人关系方面的系统观点，从而为我国培育生态文明价值观提供理论基础。

三、西方绿色运动中的生态思想

西方生态学马克思主义既是国外马克思主义的重要流派之一，也是西方绿色运动中产生的一种重要思潮。它产生于 20 世纪 60 年代，其主要代表人物有赫伯特·马尔库塞（Herbert Marcuse）、威廉·莱斯（Wil-

---

① 《马克思恩格斯选集》第 3 卷，北京：人民出版社 2012 年版，第 998 页。
② 聂长久、韩喜平：《马克思主义生态伦理学导论》，北京：中国社会科学出版社 2019 年版，第 44 页。

liam Leiss）、本·阿格尔（Ben Agger）、约翰·贝拉米·福斯特（John Bellamy Foster）、安德烈·高兹（André Gorz）、詹姆斯·奥康纳（James O'Connor）、以及戴维·佩珀（David Pepper）等。生态学马克思主义是西方马克思主义发展最新潮流之一，是人类文明发展从工业文明（包括后工业文明）向生态文明创新转型的一种社会理论形态。①

第一，生态学马克思主义是人类社会发展的过程中，基于当代资本主义生态危机进行了深刻反思，对人类生存困境深层思考而得出的理论成果。生态学马克思主义认为，随着经济的发展与科学技术的进步，以及国家福利的改善，经济危机可以避免大规模的爆发。但资本家以技术进步为契机，进一步对社会和自然加以控制，将导致人与自然之间的矛盾激化。资本家为了获取最大化利益，继续保持经济的持续增长，无限制的扩大生产，必将损害人类赖以生存的自然环境，从而以生态危机延缓甚至取代经济危机，使人与自然的矛盾上升为社会的主要危机。② 资本主义社会中出现了人与自然之间矛盾的激化所导致的生态危机，生态学马克思主义把生态危机放在了比经济危机更重要的位置，认为生态危机是资本主义社会中最重要的危机。但这种以生态危机理论取代经济危机理论的看法，实际上已经偏离了马克思历史唯物主义的理论主题，还会转移人们反对资本主义斗争的视线和方向，甚至进而放弃社会变革。

第二，作为西方广义绿色运动中"红绿"派的主要代表，生态学马克思主义说明了资本主义制度以及在该制度下所实行的生产方式才是当代社会生态危机的根源，指出了社会制度、生产方式和道德观念的变革才是解决生态危机的最终途径，并为生态危机的最终解决指出了一条生态社会主义的道路。但生态学马克思主义认为，生态问题是整个马克思

---

① 吴宁：《生态学马克思主义思想简论（上册）》，北京：中国环境出版社2015年版，第1页。

② 吴宁：《生态学马克思主义思想简论（上册）》，北京：中国环境出版社2015年版，第4页。

主义的理论主题，这种试图完全从生态学的角度来理解马克思主义甚至将马克思主义看作是一种生态理论的做法，夸大了生态问题在人类社会发展中的作用，对马克思的思想进行了过分的生态学解读，从而存在着一定程度上降低了马克思主义的理论价值，对未来社会的设想具有太多的空想性。

第三，西方生态学马克思主义者认为，造成生态问题的一个重要原因是生产力的高度发达和生产技术的广泛使用。因此，未来的生态社会主义应该实行"稳态经济"模式，不应追求生产力的高度发达以及物质财富的极大丰富。生态学马克思主义主张建立小规模的、分散的工业体系，并提出要把自然资源消耗限制在既可维护又能有效利用的限度内，进行合理地生产和消费，在有效利用资源的情况下维持经济与生态的和谐发展。这种理想化的"稳态经济"模式显然具有太多的空想性，这与当代生产社会化的历史发展趋势是相违背的。但西方生态学马克思主义的这些理论观点，具有一定的理论价值，为当前我国公民生态文明价值观培育研究提供了理论借鉴。

当前我国培育公民生态文明价值观应该积极吸取其启发意义与积极的思想主张。一方面我们要认真审视西方发达国家走过的道路，积极吸取它们的经验教训；另一方面借鉴西方绿色运动的生态思想中的合理成分，结合我国的具体国情开创一条具有中国特色的生态文明建设之路，为我国培育公民生态文明价值观提供理论参考。

四、新时代生态文明思想

从人类历史的视角看，生态文明就是对工业文明进行深刻反思并且扬弃的结果，是工业文明发展到一定阶段的产物。党的十八大以来，"生态"二字成为经济发展的关键词，彰显了习近平总书记对人类发展经验教训的历史总结，对人类发展意义的深邃思考。深入研究新时代生态文明思想，首先需要人们运用辩证唯物主义联系的分析方法剖析对新时代生态文明思想的内涵，不难发现，生态文明并不仅仅是一种文明的形态，其内涵更多的应该是建立在环境、文化和政治等子系统相协调基础上的人与自然和谐相处的一种高级文明形态。① 因此，简单梳理这一脉络，可明显感受到习近平总书记一直积极推进生态文明建设，他的生态文明思想内容是逐步发展的过程，这一理念的完善是一个逐步形成、不断演进的过程，与时俱进，经得起时间和实践检验。

2001 年，时任福建省省长的习近平担任福建省生态建设领导小组组长，开始了福建有史以来最大规模的生态保护工程，他前瞻性地提出建设"生态省"的战略构想。2002 年，习近平在福建省政府工作报告中正式提出建设"生态省"的战略目标。同年 8 月，经原国家环保总局批准，福建成为全国首批生态省建设试点省之一。此后，《福建省生态省建设总体规划刚要》《福建生态省建设"十二五"规划》等相继出台，福建的生态省建设构想得以迅速推进。②

2002 年至 2007 年，在浙江省工作期间，习近平提出了"自然休养"、生态功能区划分和"生态补偿"等生态文明制度建设措施。习近平用"绿水青山就是金山银山"，来说明生态建设与经济发展的内在关系。绿水青山不会自己变成金山银山，要把绿色生态优势转化为现实的生产力，就必须要有正确的指导思想。这也表达了中国"坚定不移推进绿色发展，谋求更佳质量效益"的信心和决心。③

习近平自 2012 年担任中共中央总书记以来，高瞻远瞩，从"五位一体"总体布局的战略高度，从实现中国梦的历史维度，在党和国家的一些重要会议和文件中，有关生态文明建设的重要讲话、论述、批示多

---

① 罗贤宇：《习近平生态文明思想及其政治转换》，载《党史研究与教学》，2017 年第 5 期。

② 罗贤宇：《习近平生态文明思想及其政治转换》，载《党史研究与教学》，2017 年第 5 期。

③ 罗贤宇：《习近平生态文明思想及其政治转换》，载《党史研究与教学》，2017 年第 5 期。

达200多次，提出要牢固树立生态文明理念，为实现中华民族永续发展指明了方向。十八大以来，习近平总书记高度重视生态文明建设，在国内外多种场合谈及此话题。习近平总书记不仅对生态与经济的辩证关系作出科学而全面的深刻论述，而且超越了经济范畴，在政治、社会、文化、民生等方面更广泛的意义上阐述了绿色发展的社会价值，同时提出了能够让绿色发展理念和生态文明建设重大决策部署落地生根的清晰思路。2015年10月，在党的十八届五中全会上，习近平总书记创造性地提出五大发展理念，并将绿色发展作为关系我国战略布局的一个重要理念。① 绿色发展作为新发展理念的重要组成部分，在引导绿色生产的同时，也在倡导一种绿色生活方式。绿色发展，从广义的视角看又包含低碳发展和循环发展。生态文明建设的核心是绿色发展，从这个意义上讲，绿色发展将成为中国生态文明建设的重中之重，亦是推动中国社会经济发展转型的主要方向和主要目标。绿色转型发展是中国经济发展的必然要求，是中国社会发展的必然要求，是中国政府执政理念创新的必然要求，是广大人民群众对美好生活向往的必然要求。②

2018年5月，在全国生态环境保护大会上，科学总结了"新时代生态文明思想"的理论内涵，是当代中国生态文明建设的行动指南。因此，认真地梳理和分析新时代生态文明思想，深入研究新时代生态文明思想的内涵和主要内容，对于培育当代中国公民生态文明价值观具有重要的理论价值和现实意义。新时代生态文明思想的主要内容包括以下六个方面：

（一）"生态兴则文明兴"的深邃历史观

"生态兴则文明兴，生态衰则文明衰"③，可以视作以习近平同志为

---

① 《中国共产党第十八届中央委员会第五次全体会议文件汇编》，北京：人民出版社2015年版，第3页。
② 罗贤宇：《习近平生态文明思想及其政治转换》，载《党史研究与教学》，2017年第5期。
③ 中共中央宣传部：《习近平总书记系列重要讲话读本（2016年版）》，北京：学习出版社、人民出版社2016年版，第230页。

核心的党中央领导集体的一个核心执政理念——中华民族永续发展、中华文明复兴重振，生态文明在其中拥有决定性的力量，任何施政谋划，任何治理布局，必须高度重视生态文明。事实上，除了强调这句话的重要性，还应更多关注其流露出的那种紧迫感、危机感。尽管我国的改革进入深水区，但生态绝对不能成为复兴之路上一块令人尴尬的短板、一个可能发生颠覆的陷阱。对于这句话，媒体用"振聋发聩""掷地有声"这样的词句来形容。事实上，生态文明建设不仅仅是环境保护以及技术、资金、政策、法规、管理等问题，更是"人"的问题。因为，任何文明归根结底是人的文明，其灵魂是追求人的价值和幸福。生态文明要求人们重新审视人与自然的关系，让道德关系扩展到自然领域，为促进世界文明的传承与延续、实现中华民族的伟大复兴，中国不仅要在国际中主动承担重任，更在于对本国的经济社会发展提出明确要求。①

（二）"坚持人与自然和谐共生"的科学自然观

人与自然是生命共同体，这就要求人们要准确把握人与自然的关系，贯彻新发展理念推动形成绿色发展方式和生活方式。人与自然之间的关系是双向互动的，当人类保护自然、合理使用自然资源时，自然也会慷慨的回报人类；反之，如果人类不断的破坏自然，对自然资源进行随意开发和使用，也必将受到自然的惩罚。所以，人类必须尊重自然规律，否则将走上一条无法回头的弯路。习近平总书记指出："人与自然是一种共生关系，对自然的伤害最终会伤及人类自身。"② 因此，我们要建立人与自然的平等正义秩序，坚持人与自然的和谐共生。例如，福建省莆田市木兰溪治理，就是新时代生态文明建设在福建的先行探索，

---

① 罗贤宇：《习近平生态文明思想及其政治转换》，载《党史研究与教学》，2017 年第 5 期。

② 中共中央文献研究室：《习近平关于社会主义生态文明建设论述摘编》，北京：中央文献出版社 2017 年版，第 11 页。

习近平在福建工作时期就针对木兰溪治理提出了"变害为利、造福人民"的目标，不断推动木兰溪流域生态保护与修复，做到产业生态化、生态产业化，实现人水和谐共生、产城融合高质量发展。① 这个典型案例深刻阐明了如果人类坚持人与自然的和谐共生，大自然也会给予丰厚的回馈。

（三）"绿水青山就是金山银山"的绿色发展观

习近平总书记指出："我们既要绿水青山，也要金山银山。宁要绿水青山，不要金山银山，而且绿水青山就是金山银山。"② 这句话强调了生态环境在社会经济发展中的重要地位。人们切不可一味追求高利润、高回报、高经济，而把人类赖以生存的环境丢弃一边。"两山论"的形成，是习近平针对浙江发展问题，经反复思考与反复实践后的思想成果，它符合改革开放以来中国经济社会发展的大逻辑。解析环境与发展之间关系的"两山论"，正是对于"发展"观念的不断创新，正是对于中国改革的全面深化。这一创举，不仅事关经济转型，更涉及整个中国社会生产方式、生活方式和价值观念的重大变革。"绿水青山就是金山银山"的科学论断深植人心，这一理论具有丰富的内涵和深远的意境，十分具体且生动的描述了我国在社会主义现代化建设过程中推进国家治理体系和治理能力现代化。当前，我国经济正处于产业转型升级的关键时期，许多国家的经验表明这一时期是环境保护受到最严峻挑战的时期。因此，如何切实推进供给侧结构性改革，推动创新驱动转变，使中国经济持续保持中高速增长，迈向中高端水平和做到在开发中保护，在保护中开发，是亟待思考的问题。经济发展与生态环境保护等问题都要

---

① 中共中央组织部组织编写：《贯彻落实习近平新时代中国特色社会主义思想在改革发展稳定中攻坚克难案例：生态文明建设》，北京：党建读物出版社 2019 年版，第 292 页。

② 中共中央宣传部：《习近平总书记系列重要讲话读本（2016 年版）》，北京：学习出版社、人民出版社 2016 年版，第 230 页。

同时面对。只有摒弃以破坏生态环境为代价的开发，加强合作，坚持绿色开发，着力构建循环经济链条，才能真正实现产业的转型升级，才能保证经济的健康可持续发展。①

（四）"良好生态环境是最普惠的民生福祉"的基本民生观

在生态文明建设中始终存在着相信谁、依靠谁、为了谁的问题。因此，新时代生态文明思想中着重强调了"良好的生态环境是最普惠的民生福祉"，体现了新时代生态文明思想的人民性——"以人民为中心"。从关心人民群众的现实的生态环境需要和切身的生态环境利益出发，新时代生态文明思想提出了良好生态环境是最普惠的民生福祉的生态价值判断。2013 年 4 月，习近平总书记在海南考察工作结束时的讲话指出："良好生态环境是最公平的公共产品，是最普惠的民生福祉。"② 从"以人民为中心"的高度看待生态文明，彰显出社会主义生态文明的价值取向。党的十九大报告中，习近平总书记进一步提出："我们要建设的现代化是人与自然和谐共生的现代化，既要创造更多物质财富和精神财富以满足人民日益增长的美好生活需要，也要提供更多优质生态产品以满足人民日益增长的优美生态环境需要。"③ 进一步明确了优美生态环境需要在人民群众需要体系中的基础性、独特性、专门性的地位。显然，良好生态环境是最普惠的民生福祉的思想，是习近平新时代中国特色社会主义思想关于"以人民为中心"在生态文明领域的集中体现。

（五）"山水林田湖草是生命共同体"的整体系统观

习近平总书记在党的十八届三中全会上指出，"山水林田湖是一个

---

① 罗贤宇：《习近平生态文明思想及其政治转换》，载《党史研究与教学》，2017 年第 5 期。

② 中共中央文献研究室编：《习近平关于社会主义生态文明建设论述摘编》，北京：人民出版社 2017 年版，第 4 页。

③ 习近平：《决胜全面建成小康社会夺取新时代中国特色社会主义伟大胜利》，北京：人民出版社 2017 年版，第 50 页。

生命共同体，人的命脉在田，田的命脉在水，水的命脉在山，山的命脉在土，土的命脉在树"。①他用"命脉"把人与山水林田湖连在一起，生动形象地阐述了人与自然之间唇齿相依的一体性关系，揭示了山水林田湖之间的合理配置和统筹优化对人类健康生存与永续发展的意义。绿色是生命的标志，是和谐的标志，是山水林田湖充满生机活力和健康安全的体现，也是人类追求美好生活和提升幸福度的象征。绿色化是生态文明建设的重要标志。践行绿色化，建设美丽中国，首先要尊重自然，尊重生命。"山水林田湖草是一个生命共同体"的论断表达了一种尊重生命的绿色价值观，绿色价值观是从生命维度对人与自然关系的全新认知。依据当代有机科学的发展成果，我们可以发现山水林田湖草等生态要素之间存在相互依存、能量转化和物质循环的和谐共生、动态平衡规律，而"生命共同体"的论断，则从整体与部分、系统与要素的辩证关系角度，展现了人、生命、自然共生共荣的本原性诉求，为建构中国环境伦理提供了一种整体的认知方式。②

（六）"实行最严格生态环境保护制度"的严密法治观

建设生态文明就是提高全社会生态理性的过程，是一种重大的社会变迁和集体行动，需要社会成员之间缔结新型的行动准则和合作规则，即建立生态文明制度。因此，对于生态文明制度建设的具体内容和要求，则需要不断的充实丰富。完善生态文明制度建设，需要建立健全生态风险防控体系，提升突发生态环境事件应对能力，以保障国家生态安全。党的十八大和十八届三中、四中全会对加快建设生态文明制度，完善最严格的环境保护制度提出了明确要求，提出了生态文明制度建设的

① 中共中央宣传部：《习近平总书记系列重要讲话读本（2016 年版）》，北京：学习出版社、人民出版社 2016 年版，第 236 页。
② 罗贤宇：《习近平生态文明思想及其政治转换》，载《党史研究与教学》，2017 年第5 期。

方向、基本原则和要求。并实行严格的评价考核和责任追究制度，让领导干部扛起环保责任。2013 年 5 月习近平总书记在中央政治局第六次集体学习时指出："只有实行最严格的制度、最严密的法治，才能为生态文明建设提供可靠保障。"① 习近平提出的"最严"生态"法治观"，充分表达了中央以生态文明制度建设为抓手，着力构建生态文明建设长效机制的实践思路日益清晰。出台史上最严格的环保制度、开展环保督察工作、推出生态保护补偿机制、设立生态文明试验区、修订《环境保护法》等，十八大以来，一项项改革措施密集出台，用实际行动回答了落实绿色发展"做什么"和"怎么做"的时代课题。②

（七）"共同建设美丽中国"的全民行动观

建设美丽中国是一项系统工程，需要每一位公民的共同参与。党的十八大之后，习近平总书记在各种场合提倡加强生态文明宣传教育。2013 年 2 月，习近平总书记在北京看望慰问坚守岗位的一线劳动者时，呼吁广大市民要珍爱我们生活的环境。2019 年 4 月，习近平总书记在 2019 年中国北京世界园艺博览会开幕式上说："构建全社会共同参与的环境治理体系。"③ 因此，这就需要构建政府、企业、公众共同参与的绿色行动体系。2017 年 5 月，习近平总书记在主持中共中央政治局第四十一次集体学习时强调了生态文明建设同每个人息息相关，每个人都应该做践行者、推动者。并提出要完善环境保护公众参与制度，加快构建政府企业公众共治的绿色行动体系，形成全社会共同参与的良好风尚。

---

① 中共中央宣传部：《习近平总书记系列重要讲话读本（2016 年版）》，北京：学习出版社、人民出版社 2016 年版，第 240 页。
② 罗贤宇：《习近平生态文明思想及其政治转换》，载《党史研究与教学》，2017 年第 5 期。
③ 《习近平出席二〇一九年中国北京世界园艺博览会开幕式并发表重要讲话》，载《人民日报》，2019 年 4 月 29 日。

（八）"共谋全球生态文明建设之路"的共赢全球观

习近平总书记指出："人类是命运共同体，保护生态环境是全球面临的共同挑战和共同责任。"[①] 在持续推动国内生态文明建设的同时，当代中国也在不断推动国际生态文明建设。尤其是党的十八大以来，中国政府秉承"人类命运共同体"的科学理念，积极开展可持续外交和国际合作，形成了共谋全球生态文明建设的全球生态治理观，为建设清洁美丽的世界贡献了中国方案、中国智慧和中国力量。[②] 回顾过去，中国通过实际行动旗帜鲜明地举起生态文明建设的旗帜，开展一系列根本性、开创性、长远性工作，建设美丽中国，推动生态环境保护发生转折性的变化，为世界上各国提供了一种持续高效的新治理之路。[③]

综上，党的十八大以来，在推动生态文明理论创新、实践创新、制度创新的过程中，我国在社会主义生态文明理论与实践中形成了新时代生态文明思想。"生态兴则文明兴，生态衰则文明衰"，从人类文明发展的宏阔视野把握建设生态文明的时代价值；"坚持人与自然和谐共生"，强调了正确处理好人与自然关系的重要性；"绿水青山就是金山银山"，破解了经济发展和环境保护的"两难"悖论；"良好生态环境是最普惠的民生福祉"，体现了以人民为中心的理念；"山水林田湖草是生命共同体"体现了整体观、系统观和大局观；"实行最严格生态环境保护制度"警醒人们要时刻保持对制度的敬畏之心；"共谋全球生态文明建设"，彰显了携手与其他各国共同应对生态环境问题的决心。新时代生态文明思想不仅是我国走向社会主义生态文明新时代的科学指南，而且为培育当代中国公民生态文明价值观指引了方向。

---

① 习近平：《推动我国生态文明建设迈上新台阶》，载《求是》，2019 年第 3 期。
② 任铃、张云飞：《改革开放 40 年的中国生态文明建设》，北京：中共党史出版社 2018 年版，第 155 页。
③ 《习近平在全国生态环境保护大会上强调坚决打好污染防治攻坚战推动生态文明建设迈上新台阶》，载《环境教育》，2018 年第 5 期。

第三节　生态文明价值观
培育的分析框架

我国著名学者张耀灿教授在《现代思想政治教育学》中提到思想政治教育系统包括四大基本要素，包括思想政治教育主体、思想政治教育客体、思想政治教育介体和思想政治教育环体。[①] 生态文明价值观培育是我国价值观教育的重要组成部分，中共中央政治局会议审议并通过的《关于加快推进生态文明建设的意见》指出："把生态文明纳入社会主义核心价值体系"。[②] 而思想政治教育的本质是核心价值观教育[③]，思想政治教育与生态文明价值观培育的共同点在于都是主要通过教育的途径而展开的，最终目标都是促进人的自由全面发展。因此，本书选择从思想政治教育的学科视野，研究公民生态文明价值观的培育。

思想政治教育系统四大基本要素中的思想政治教育介体，是指思想政治教育主体与思想政治教育客体之间相互联系与作用的中介因素。[④] 本书把生态文明价值观培育的介体分为生态文明价值观培育的内容和载体，分别独立成为生态文明价值观培育的要素之一。因此，本书从思想政治教育的学科视野把当代中国生态文明价值观的培育分为五个基本要素：生态文明价值观培育的主体、客体、内容、载体和环境。

[①] 张耀灿、郑永廷、吴潜涛、骆郁廷：《现代思想政治教育学》，北京：人民出版社 2006 年版，第 236 页。

[②] 《中共中央国务院关于加快推进生态文明建设的意见》，北京：人民出版社 2015 年版，第 4 页。

[③] 张苗苗：《思想政治教育的本质是核心价值观教育》，载《教学与研究》，2014 年第 10 期。

[④] 张耀灿、郑永廷、吴潜涛、骆郁廷：《现代思想政治教育学》，北京：人民出版社 2006 年版，第 238 页。

一、生态文明价值观培育的主体

一般而言，"主体"一词多用于哲学领域，通常是指在一项实践活动中处于支配地位的事物。伴随着其他相关学科的快速发展，"主体"一词在思想政治教育学等领域也被广泛使用。生态文明价值观培育的主体是在生态文明价值观培育活动中以培育为职责的发动者和实施者，它与生态文明价值观培育的客体相对应。

生态文明价值观培育的主体是生态文明价值观培育的承担者、发动者和实施者。生态文明价值观主体按着不同类型，主要分为两类：一类主体是生态文明价值观培育个体。主要是指承担、发动、组织、实施生态文明价值观培育的个人，即个体施教者，如政府工作人员、教师、家长等。另一类主体是生态文明价值培育群体，主要是指承担、发动、组织、实施生态文明价值观培育活动的群体组织，即群体施教者，如各种组织、团体、机构等。生态文明价值观培育群体又可分为生态文明价值观培育的正式群体和非正式群体。因此，生态文明价值观培育，不仅要充分发挥正式群体的生态文明价值观培育功能，也要发挥非正式群体的生态文明价值观培育功能。人们既要重视培育群体主体力量，也要注重培育个体主体的力量，两者缺一不可。

综上所述，生态文明价值观培育的主体包括国家、社会、家庭和个人，他们在生态文明价值观培育活动中决策、实施和组织生态文明价值观培育活动；要指导、引导、协调生态文明价值观培育活动；要开展主体和客体之间的互动，共同实现生态文明价值观培育的目标。主体的培育质量在很大程度上制约着客体生态文明价值的提升，决定着生态文明价值观培育的效果，因而在公民生态文明价值观培育活动中居于主导地位，应建立生态文明价值观培育主体协同体系，只有各主体之间协同推进生态文明价值观培育工作，才能事半功倍。

二、生态文明价值观培育的客体

生态文明价值观培育的客体，在生态文明价值观培育活动中具有主动性和选择性，可以对培育影响进行评价并做出符合自身需要的取舍，能对自身所处的生态文明价值观培育环境进行适应、改造并体现培育效果。因为客体同样可以成为生态文明价值观培育活动的主体。生态文明价值观培育的客体是在生态文明价值观培育活动中接受培育的对象，包括我国的所有公民。

生态文明价值观培育客体的基本特点是具有客体性，表现为生态文明价值观培育客体的可塑性、受动性和受控性。可塑性是指培育客体可以在生态文明价值观培育主体的影响下，思想、行为发生培育主体所期望的变化。受动性是指培育客体是生态文明价值观培育主体的作用对象，必然要接受生态文明价值观培育主体施加的生态文明价值观培育作用和影响；受控性是指客体在生态文明价值观培育过程中处于从属的地位，受到主体的主导、支配和调控。

生态文明价值观培育客体有不同的类型。与主体相同，生态文明价值观培育客体同样既包括生态文明价值观培育个体客体，如学生、子女、干部、农民等，另外，又包括生态文明价值观培育群体客体，如学生群体、工人群体、农民群体等；既包括稳定的群体，如有稳定工作或者单位的群体，又包括流动群体，如受经济体制改革和产业结构调整等因素影响而在不同地区或岗位上经常流动的群体。因此，开展生态文明价值观培育工作时，要根据不同类型调整培育的策略，不断拓宽生态文明价值观培育的覆盖面。

此外，应注意的是主体与客体是生态文明价值观培育过程的基本要素，两者之间的关系是生态文明价值观过程中最基本的关系，两者的双向互动过程在某种意义上就是生态文明价值观培育过程。主体与客体就是反映两者之间关系及其互动规律的基本范畴。

当代公民中国生态文明价值观培育是一项包含诸多内容、牵涉诸多方面的浩大工程。主体和客体的关系，是生态文明价值观培育的关系构成，是生态文明价值观培育的中心范畴。该范畴贯穿于生态文明价值观培育的全过程，并在生态文明价值观范畴体系中具有基础地位。主体和客体的关系在一定条件下可以相互转化，即主体可以转化为客体，客体也可以转化为主体。主体与客体的关系，构成"教"与"学"的特定关系，只有教，没有学，难以形成生态文明价值观培育活动。只有教与学相互配合，才能达到公民生态文明价值观培育的效果。

三、生态文明价值观培育的内容

生态文明价值观培育的内容是根据一定的社会要求，针对培育客体的实际情况，经主体选择设计后有目的、有步骤地输送给培育对象的带有价值引导性的信息，是由相互联系、相互作用的多种要素按照特定层次结构而组成的、具有提高培育对象生态文明素质等功能的一个系统。生态文明价值观培育的内容是依据生态文明价值观的目的和任务以及培育对象的价值观需要所确定的。生态文明价值观培育的目的和任务内在规定的丰富性，培育客体价值观实际的多样性，决定生态文明价值观培育的内容是多方面的、广泛的。生态文明价值观培育的内容具有以下三个特征。

（一）目的性

马克思指出："历史不过是追求着自己目的的人的活动而已。"[1] 生态文明价值观培育的内容应具有明确的目的性。生态文明价值观培育的内容是生态文明价值观培育目的的具体体现，明确的目的性是确定和实施生态文明价值观培育内容的基本要求，其根本目的是增强公民生态文

---

[1] 《马克思恩格斯文集》第 1 卷，北京：人民出版社 2009 年版，第 295 页。

明意识、塑造生态文明价值观，生态文明价值观培育内容的最终确立和运用，都必须与这一根本目的相符合，为达到这一根本目的服务。

（二）时代性

生态文明价值观培育的内容不是固定不变的，不同时代与社会条件下，对培育内容有不同的要求。而生态文明价值观本身就体现了鲜明的时代特征，它是文明形态发展到一定阶段的产物，是产生于原始文明、农业文明、工业文明后的一种新的社会文明形态的产物，是生态文明社会所迫切需要培育的一种价值观，顺应了时代的要求。因此，生态文明价值观培育的内容，既要继承传统生态文化中的生态思想，更要运用当代中国特色社会主义生态文明建设理论开展价值观培育，使培育的内容具有前瞻性。

（三）实践性

生态文明价值观培育，与其他价值观培育一样，不仅要解决信与不信、信念动摇与信念坚定之间的矛盾，还要促使由信到行的转变。人对生态环境的行为表现为保护还是破坏，很大程度上取决于所坚持的价值观。生态文明价值观培育，不应只停留在价值观层面的理想境界，其最终目的是将其价值观念外化为行为实践，对生态环境起到切实的帮助作用。没有生态实践行为，生态文明价值观培育的效果就不能充分发挥。因此，生态文明价值观培育的内容具有实践性，这是最根本的特征。

生态文明价值观培育的内容是生态文明价值观培育主体对客体实施培育的具体要素。本书将建立在生态文明价值观培育内容的目的性、时代性、实践性等特征的基础上，深入探讨生态文明价值观培育的主要内容。

四、生态文明价值观培育的载体

在现代汉语中，载体是一个汉语词汇。载体的含义是指某些能传递能量或承载其他物质的物质。开展思想政治教育离不开思想政治教育载体。同样，生态文明价值的培育离不开生态文明价值观培育的载体。生态文明价值观培育的载体是指在生态文明价值观培育过程中，培育主体为了实现一定的目标，选择、运用承载一定的生态文明价值观培育内容或信息的培育中介。中介是由此及彼的桥梁，既可以是理论学习、实践活动，也可以是一定的大众传播、文化建设等。无论是哪一种类型，只要能承载一定的生态文明价值观培育内容或信息，为实现一定的培育目的服务，都具有培育载体作用。[①]

生态文明价值观培育活动必须通过一定载体才能进行。生态文明价值观培育的过程是培育主体通过某些形式和手段向客体传导我国美丽中国建设所要求的价值观念、道德规范等内容，使其具备良好的生态文明意识的过程。在这一过程中，培育主体需要选择一定的培育形式开展活动并借助这些培育形式与培育客体之间进行互动，这些形式就是生态文明价值观培育的载体。

生态文明价值观培育的载体是联系培育主体与培育客体之间的纽带和桥梁。不同载体的选择反映了不同的生态文明价值观培育的内容或信息，也决定着各要素之间相互作用的成效。生态文明价值观培育载体的作用主要体现在以下几个方面：

第一，承载和传导生态文明价值观培育信息。所谓承载就是指生态文明价值观培育载体必须具有明确的价值观培育目的指向性。所谓传导，就是指生态文明价值观培育的载体必须能够为生态文明价值观培育

---

① 《思想政治教育学原理》编写组：《思想政治教育学原理（第2版）》，北京：高等教育出版社2018年版，第231页。

主体所操作和运用，并且能够为培育客体所认识和接受。

第二，联结生态文明价值观培育的主体和客体。生态文明价值观培育主体与客体之间产生互动的过程需要生态文明价值观培育发挥中介和桥梁的作用。因为生态文明价值观培育不是单方面、单向的活动过程，而是一个生态文明价值观培育主体与客体之间互动的过程。生态文明价值观培育主体和客体都是生态文明价值观培育的主要因素，缺一不可，无论缺少了哪个因素，生态文明价值观培育的过程将无法实施。而将两者联结起来的中介和桥梁就是生态文明价值观培育的载体，它的载体形式是丰富多样的，只要能将培育主体与客体之间联结、互动起来的培育中介，都可以成为生态文明价值观培育的载体。

第三，不断丰富生态文明价值观培育的内容。生态文明价值观培育的互动过程也是生态文明价值观培育内容不断丰富的过程。在生态文明价值观培育课堂教学过程中，讲授、讨论的语言运用和互动，也是教学相长的过程。以网络为载体的生态文明价值观培育，一方面传播生态文明价值观培育的信息，实现培育主体与培育客体的连接；另一方面，网络也提供了新的互动方式。网站、论坛、微博、微信等网络交互平台，实现了培育主体与培育客体双向即时互动；网络组织、网络课程等创新了培育方式。通过这些平台，培育客体的主体性得到充分发挥，同时增强了培育的互动性。①

生态文明价值观培育载体属于社会性存在，并且具有多样性。本书把生态文明价值观培育的载体分为管理载体、活动载体、文化载体和传媒载体等。

五、生态文明价值观培育的环境

环境是人赖以生存和发展的各种因素的总和。生态文明价值观培育

---

① 《思想政治教育学原理》编写组：《思想政治教育学原理（第2版）》，北京：高等教育出版社2018年版，第233页。

的环境是生态文明价值观培育的基本要素之一，是影响生态文明价值观培育效果以及价值观念和行为变化的外部空间，是指围绕并影响生态文明价值观培育活动开展和思想行为形成、发展的一切外部因素的总和。这些外部因素包括经济、文化、制度等。良好的培育环境，是保障生态文明价值观的培育工作顺利进行的重要条件。

一定的生态文明价值观培育总是在一定的生态文明价值观培育环境中进行的，没有一定的环境，就不可能开展生态文明价值观培育。因此，生态文明价值观培育环境的根本特点是条件性，其具体表现为生态文明价值观培育环境的具体性、综合性、开放性和历史性。具体性是说生态文明价值观培育环境是具体的，不是抽象的，一定要从生态文明价值观培育的具体条件和环境出发开展生态文明价值观培育，不考虑具体条件和环境，生态文明价值观培育将显得不切实际、脱离现实；综合性是指多种外部条件因素综合作用于生态文明价值观培育过程中，使得生态文明价值观培育丰富多彩，各具特色；开放性是指生态文明价值观培育不是封闭的，而是开放的。随着改革开放的深化和全球化进程的加速，生态文明价值观培育的环境日益开放。只有融入开放的环境，生态文明价值观培育才更具有生命力与战斗力；历史性是指生态文明价值观培育不是一成不变的，而是不断发展的，一定的生态文明价值观培育总是在一定的历史条件下进行的，我们既不能割断生态文明价值观培育的历史，更不能忽视生态文明价值观培育面临的现实，而要随着历史的发展，不断更新生态文明价值观培育的内容和方式。

生态文明价值观培育环境根据不同的标准可以划分为不同类型。首先，宏观环境和微观环境。生态文明价值观培育的宏观环境包括经济环境、政治环境、文化环境与社会环境等；生态文明价值观培育的微观环境包括学校环境、社区环境、家庭环境等。其次，硬环境与软环境。生态文明价值观培育的硬环境包括生态文明价值观培育所需的物质条件与设施等；生态文明价值观培育的软环境包括制度规范、价值观念、文化氛围、社会风气、校风、学风等。其次，现实环境与虚拟环境。生态文明价值观培育的现实环境包括生活环境、学习环境、工作环境等；生态文明价值观培育的虚拟环境包括网络虚拟空间、虚拟社区等。最后，积极环境与消极环境。生态文明价值观培育的积极环境是指对生态文明价值观培育产生积极影响、提升人们生态文明意识的环境。消极环境是对生态文明价值观培育发生消极作用，不利于生态文明价值观培育的环境。如不良的校园环境，不利于培育生态文明价值观的环境因素等。生态文明价值观培育要把建设以上几类环境结合起来，不断优化生态文明价值观培育环境，为当代中国公民生态文明价值观培育创造更好的条件。

六、生态文明价值观培育研究分析框架的构建

生态文明价值观培育的五个基本要素是一个有机的整体，缺一不可。深入分析生态文明价值观培育研究的分析框架，不仅要了解构成生态文明价值观培育系统的基本要素，而且要进一步分析生态文明价值观培育诸要素的相互关系，把握主体、客体、内容、载体、环境在相互关系中的地位和作用，从而系统的构建生态文明价值观培育研究的分析框架。

在生态文明价值观培育的诸要素相互关系中，生态文明价值观培育主体起着主导作用。生态文明价值观培育主体主导和支配着生态文明价值观培育的客体、内容、载体、环境等因素，对客体、内容、载体、环境诸要素相互关系的形成和发展起着决定性作用。

在生态文明价值观培育诸要素的相互关系中，生态文明价值观培育客体具有主动作用。生态文明价值观培育客体是接受培育者，在接受培育时不是被动的，而是主动的，具有主动性。生态文明价值观培育客体的主动作用表现在：生态文明价值观培育客体的实际状况制约和决定着生态文明价值观培育的出发点和落脚点。一切生态文明价值观培育最终

都是为了影响培育客体的思想行为和价值观念。生态文明价值观培育的效果最终要在培育客体身上体现出来；生态文明价值观培育客体主动参与生态文明价值观培育过程，在培育内容、培育方式的接受上具有选择性，在培育氛围、培育环境的营造上具有主动性，反过来会影响生态文明价值观培育的教育行为。生态文明价值观培育客体主动参与生态文明价值观培育的程度决定着生态文明价值观培育运行的机制、方式、层次和水平，决定着生态文明价值观培育的实施效果。

在生态文明价值观培育诸要素的相互关系中，生态文明价值观培育内容也具有主动作用。生态文明价值观培育的内容是为了达到一定的培育目标，培育主体向客体传授、讲解相关知识与理论，是培育主体与培育客体的中介。如果没有生态文明价值观培育的内容，生态文明价值观培育互动将无法开展。在生态文明价值观培育活动中，要根据不同的培育客体、培育环境、培育目的，有针对性地选择培育内容并形成体系实施培育活动，才能形成合力。

在生态文明价值观培育诸要素相互关系中，生态文明价值观培育载体具有中介作用。生态文明价值观培育载体是生态文明价值观培育主体、客体、内容、环境相互联结的纽带。生态文明价值观培育方法是生态文明价值观培育载体的重要形式。在列宁看来，方法是主客体相联系的中介因素，生态文明价值观培育主体要正确地认识和把握生态文明价值观培育客体和培育环境，使主体与客体相联系，主观与客观相统一，必须借助于一定的载体。生态文明价值观培育载体的纽带作用表现在：它是生态文明价值观培育主体、客体、内容、环境相互联系、相互作用的中介环节，在生态文明价值观培育主体、客体、内容、环境之间承担和履行着传播、反馈、调节生态文明价值观培育信息的职能。生态文明价值观培育载体决定着生态文明价值观培育信息输出、输入的效能，决定着生态文明价值观培育目的实现的程度，在很大程度上影响着生态文明价值观培育的成效。

在生态文明价值观培育诸要素的相互关系中，生态文明价值观培育环境起着条件作用。其条件作用表现在，没有一定的环境和条件，任何生态文明价值观培育都不能进行。生态文明价值观培育环境对主体的培育决策和实施、载体的选择和客体的思想行为变化、价值观念起着重要作用。生态文明价值观培育环境发挥着"培育的条件"和"条件的培育"双重作用。没有一定的生态文明价值观培育环境作为条件，任何生态文明价值观培育都不可能发生。而生态文明价值观培育环境本身又具有重要的培育作用。

因此，在生态文明价值观培育诸要素的相互关系中，既要看到主体的主导作用，又要看到客体、内容、载体、环境的重要作用。这五个部分缺一不可，共同构成了生态文明价值观培育的基本要素。通过把握五者之间的关系，来系统构建生态文明价值观培育研究的分析框架。

第三章　新中国成立以来中国公民
生态文明价值观培育的历史演进

回溯国家战略思想，新中国成立以来中国生态文明价值观培育的发展历程，可依据环境保护的状况和价值观念的更新，大致分为四个阶段：萌芽阶段（1949—1991 年）、奠基阶段（1992—2001 年）、发展阶段（2002—2011 年）和成熟阶段（2012 年至今），这四个阶段不是截然分开的，而是一个前后相继的关系。① 这四个阶段也集中阐述了中国生态文明价值观培育的历史演进。

第一节　萌芽阶段：环境保护意识的培育

一、提倡"绿化祖国"的环保工作

新中国成立初期，党中央便向全国人民发出了植树造林的号召，实行有计划的绿化工作。1956 年，中国开始了第一个"12 年绿化运动"。

---

① 罗贤宇：《改革开放 40 周年：生态文明建设的"中国样本"》，载《云南民族大学学报（哲学社会科学版）》，2018 年第 4 期。

1958 年，毛泽东进一步指出："要看到林业、造林，这是我们将来的根本问题之一。"这一时期，中国政府确定了"普遍护林、重点造林"的方针和"青山常在、永续利用、越采越多、越采越好"的森林经营原则，有力推动了森林资源发展。① 此外，以毛泽东同志为核心的党的第一代中央领导集体还在水利建设、反对铺张浪费、环境卫生等方面进行了生态文明建设的尝试。首先，在水利建设方面。毛泽东非常关心河流治理问题，1950 年就提出了要根治淮河的号召，并提出："除目前防救外，须考虑根治方法，现在开始准备，秋起即组织大规模导淮工程，期以一年完成导淮，免去明年水患。"② 党和国家从流域治理、水利建设方面入手，动员人民群众大办水利，根治水旱灾害。其次，在反对铺张浪费方面，毛泽东十分提倡勤俭节约。1957 年 7 月，毛泽东在中共八届三中全会上发表《关于农业问题》的讲话中指出："要勤俭持家，作长远打算。大办其酒席，实在可以不必。应当在这些地方节省，不要浪费。这是改革旧习惯。"③ 体现了毛泽东绿色生活方式的思想。最后，在环境卫生方面。1955 年 12 月，毛泽东在《征询对农业十七条的意见》中提出了开展以除"四害"为中心的爱国卫生运动，以减少疾病，保证了当时的环境卫生，并促进了生态环境的保护和改善，培育了环境保护意识。邓小平也曾多次提出"植树造林"的思想。邓小平倡导人们要坚持植树造林，在他的主持下，1979 年，我国开启了规模空前的"三北"（西北、华北、东北）防护林工程，1981 年全国人大五届四次会议通过了《关于开展全民义务植树运动的决议》。1982 年，邓小平为全军植树造林总结经验表彰先进大会题词："植树造林，绿化祖国，造福后代。"④ 在邓小平的主持下，1979 年，我国开启了规模空前的"三北"（西北、华北、东北）防护林工程，这

①　杜秀娟：《马克思主义生态哲学思想历史发展研究》，北京：北京师范大学出版社 2011 年版，第 125 页。
②　《毛泽东文集》第 6 卷，北京：人民出版社 2009 年版，第 85 页。
③　《毛泽东文集》第 7 卷，北京：人民出版社 2009 年版，第 308 页。
④　《邓小平文选》第 3 卷，北京：人民出版社 2008 年版，第 21 页。

一举措有力促进了我国的生态环境保护和环境保护意识的培育。①

二、确立环境保护为一项基本国策

改革开放初期，我国的工业化发展还不够成熟，由工业化带来的生态破坏和环境污染只出现在局部地区，且程度较轻，并未带来非常严重的生态问题。② 1978 年全党工作重心向经济建设转移，我国进入了社会主义现代化建设的新时期，我国 GDP 由 1978 年的 3645.2 亿元迅速增长到 1991 年的 21781.5 亿元，但经济发展的同时环境也付出了很大的代价。③ 至 1991 年，全国废气排放量为 10.1 万亿标立方米（不包括乡镇工业），废水排放总量为 336.2 亿吨（不包括乡镇工业），严重退化草地面积约 6700 万公顷，遭受工业污染和城市垃圾危害的耕地达 1000 万公顷等④。中国采用社会主义市场经济模式，确实带来了生产力迅速的提升。然而，始料未及的是，同时还带来了生态恶化的结果，这也迅速改变了当时领导干部与普通民众在解决环境保护问题上的思维方式。⑤ 于是，环境保护在 1983 年被党和政府正式确定为我国的一项基本国策，并主导与支撑了中国整个 20 世纪 80 年代的生态环境保护实践，对当时我国的环境保护意识的培育起到了积极的影响，这既体现了党和政府对生态环境的高度重视，也说明环境保护和每位中国公民息息相关。这项基本国策的确定使环境保护意识深入人心，提高了人民群众的生态环境保护意识，从而使人们自觉地保护生态环境，环境保护成为一项长期和

---

① 罗贤宇：《改革开放 40 周年：生态文明建设的"中国样本"》，载《云南民族大学学报（哲学社会科学版）》，2018 年第 4 期。

② 龙睿赟：《中国特色社会主义生态文明思想研究》，北京：中国社会科学出版社 2017 年版，第 64 页。

③ 罗贤宇：《改革开放 40 周年：生态文明建设的"中国样本"》，载《云南民族大学学报（哲学社会科学版）》，2018 年第 4 期。

④ 国家环境保护局：《1991 年中国环境状况公报》，载《环境保护》，1992 年第 7 期。

⑤ 罗贤宇：《改革开放 40 周年：生态文明建设的"中国样本"》，载《云南民族大学学报（哲学社会科学版）》，2018 年第 4 期。

稳定的工作。[①]

三、初步构建环境保护的法律框架

1979 年 9 月，第五届全国人民代表大会常务委员会第十一次会议原则通过的新中国成立以来的第一部综合性的环境保护基本法——《中华人民共和国环境保护法（试行）》，用法律的形式把中国的环境保护方面的基本方针、任务和政策确定下来。这也使环保领域无法可依的情况成为历史。在生态环境保护的伟大实践中，以邓小平同志为核心的党的第二代中央领导集体深化了第一代中央领导集体关于生态理论的认识，初步构建了环境保护的法律框架。1989 年不仅通过了《环境保护法》，而且相继制定并颁布了包括《大气污染防治法》《森林法》《草原法》等资源保护和污染防治方面的法律，我国环保立法逐步完善。邓小平高度重视加强环境保护意识的普法教育。[②] 他认为，加强环境保护法制建设的根本问题乃是教育的问题。[③] 当时的加强环境保护教育工作有力地促进了环境保护意识的培育。

第二节　奠基阶段：可持续发展意识的培育

一、提出实施可持续发展战略思想

可持续发展概念，随着联合国环境与发展委员会的报告《我们共同

---

① 罗贤宇：《改革开放 40 周年：生态文明建设的"中国样本"》，载《云南民族大学学报（哲学社会科学版）》，2018 年第 4 期。

② 罗贤宇：《改革开放 40 周年：生态文明建设的"中国样本"》，载《云南民族大学学报（哲学社会科学版）》，2018 年第 4 期。

③ 王艳：《生态文明——马克思主义生态观研究》，南京：南京大学出版社 2015 年版，第 164 页。

的未来》于 1987 年的发表而引入中国。这种应对环境难题的新思维或新战略，在中国政府准备并参与 1992 年举行的里约环境与发展大会期间，被明确接受为一种国家基础性战略，并很快获得了媒体的广泛关注与公众支持，我国由此开始了可持续发展意识的培育阶段。①

在可持续发展的战略思路下，为了落实政府签署的有关全球性环境议题，比如减少温室气体排放和保护生物多样性的国际框架公约，中国制定了大量新的全国性计划与行动战略。其中，最具代表性的是《中国21 世纪议程》。② 在"九五"计划时期（1996—2000），我国的国内生产总值（GDP）年平均增长 8.3%，大大高于世界平均 3.8% 的增长速度，人民生活总体上达到了小康水平。③ 但经济的增长同时也出现了因环境破坏而引发的自然灾害，如 1998 年中国遭受了一次前所未有的洪灾，范围几乎遍布大半个中国，包括长江、松花江、嫩江，覆盖 29 个省，从南到北几乎同时遭受洪水，带来巨大经济损失和人员伤亡，它的成因引发了人们的深刻反思。④ 毁林垦种、植被破坏严重是主要原因之一，这造成了严重的水土流失，极大地破坏了生态安全。正是在此背景下，2000 年 10 月，国家正式启动了天然林资源保护工程。自然灾害的频发与环境的破坏使得当时的国家领导人以批判的眼光重新审视"经济增长"的本质与路向，扬弃它给生存带来的现实困境。正是这种批判与扬弃中，以江泽民同志为核心的党的第三代中央领导集体，在继承了毛泽东、邓小平生态思想的基础上，创造性地发展了马克思主义的生态理论，提出了"可持续发展战略"，并且用它实现了对"经济增长"的

---

① 罗贤宇：《改革开放 40 周年：生态文明建设的"中国样本"》，载《云南民族大学学报（哲学社会科学版）》，2018 年第 4 期。

② 郇庆治、李宏伟、林震：《生态文明建设十讲》，北京：商务印书馆 2014 年版，第16 页。

③ 《"九五"（1996—2000）：宏观调控经济"软着陆"》，载《中国青年报》，2006 年 3月 20 日。

④ 罗贤宇：《改革开放 40 周年：生态文明建设的"中国样本"》，载《云南民族大学学报（哲学社会科学版）》，2018 年第 4 期。

"范式转换"，明确提出实施可持续发展战略，保护资源环境和加强生态建设，是我国的一项基本国策。在 1992 年联合国环境与发展大会之后，我国又制定了《中国二十一世纪议程》《中国环境保护行动计划》等纲领性文件，确定了实施可持续发展战略的政策框架、行动目标和实施方案。① 至此，可持续发展战略成为我国经济和社会发展的基本指导思想，从而有利地推动了我国公民可持续发展意识的培育。②

二、保护资源环境就是保护生产力

1992 年 10 月，江泽民在党的十四大报告中提出："提倡崇尚节约的社会风气。要增强全民族的环境意识，保护和合理利用土地、矿藏、森林、水等自然资源，努力改善生态环境。"③ 体现了当时国家领导人对环境保护的高度重视。江泽民在 2001 年海南考察工作时指出，"破坏资源环境就是破坏生产力，保护资源环境就是保护生产力，改善资源环境就是发展生产力。"④ 强调了"保护资源环境就是保护生产力"的重要性。2002 年中央人口资源环境工作座谈会上，江泽民指出："环境保护工作，是实现经济和社会可持续发展的基础。"⑤ 这为实施可持续发展战略指明了方向。他认为，在实践中，人们必须坚决反对将这两者对立起来，切实贯彻保护生态就是保护生产力的思想。⑥ 并提出："生态工程建设要与

① 罗贤宇：《改革开放 40 周年：生态文明建设的"中国样本"》，载《云南民族大学学报（哲学社会科学版）》，2018 年第 4 期。
② 罗贤宇：《改革开放 40 周年：生态文明建设的"中国样本"》，载《云南民族大学学报（哲学社会科学版）》，2018 年第 4 期。
③ 《江泽民文选》第 1 卷，北京：人民出版社 2006 年版，第 240 页。
④ 《江泽民论有中国特色社会主义（专题摘编）》，北京：中央文献出版社 2002 年版，第 282 页。
⑤ 《江泽民文选》第 3 卷，北京：人民出版社 2006 年版，第 465 页。
⑥ 王艳：《生态文明——马克思主义生态观研究》，南京：南京大学出版社 2015 年版，第 168 页。

国土整治、综合开发、区域经济发展相结合。"① 江泽民提出的"三个代表"重要思想中"代表中国先进生产力的发展要求"为可持续发展意识提供了科学之基。发展是马克思主义唯物辩证法的实质和核心，正如科学技术所具有的双刃性，生产力在人类社会历史发展中的作用也一样，对人类社会历史发展起积极推动作用的为先进生产力，反之则为落后生产力。在环境和发展、人和自然之间的矛盾充分暴露的工业化发展阶段，最为先进的生产力不再是最具征服力的生产力，而是最能协调环境和发展，实现人和自然和谐关系的生产力，其实质就是最具可持续性的生产力。②

三、把环境保护纳入法制化的轨道

20 世纪 90 年代以来，在可持续发展战略的指引下，我国环境法律法规得到了进一步的修改，相关法律体系更加完备、更加细致、更加规范，立法依据也更加合理。江泽民在 1998 年召开的中央计划生育和环境保护工作座谈会提出要把环境保护工作纳入制度化、法治化的轨道。1993 年全国人大环境与资源保护委员会的成立，加速了资源环境保护立法的进程。我国通过发布实施《节约能源法》《防沙治沙法》《环境标准管理办法》《环境保护行政处罚办法》等一系列法律法规来进一步完善环境保护制度。地方人大、政府也制定出台了一系列法规和规章。此外，环保法律监督工作也取得了很大进展。全国人大常委会监督工作的基本形式之一就是对法律实施情况进行检查。以贯彻实施可持续发展战略，围绕合理开发利用资源、保护生态环境，开展环保监督工作，先后对以上法律的实施情况进行了检查，推动了这些法律的实施。这些法律法规的制定和实施，对当时的环境保护起到了促进与保障作用，为实施

---

① 《江泽民文选》第 2 卷，北京：人民出版社 2006 年版，第 355 页。
② 任铃、张云飞：《改革开放 40 年的中国生态文明建设》，北京：中共党史出版社 2018 年版，第 46 页。

可持续发展战略和培育可持续发展意识创造了良好的法制环境。

第三节　发展阶段：科学发展观的培育

一、提出科学发展观重要战略思想

党的十六大以来的十年，我国经济总量从世界第六位跃升到第二位。据国家统计局数据显示（见图3.1），2003年至2011年，中国经济年均增长10.7%，而同期世界经济的平均增速为3.9%。中国经济总量占世界总量的份额，从2002年的4.4%提高到2011年的10%左右①；中国经济总量在世界的排序，从2002年的第6位，上升至2010年的第2

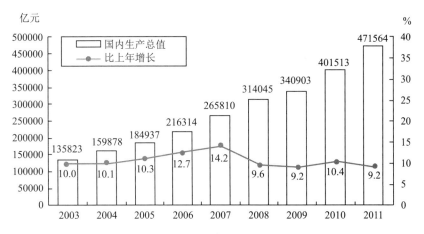

图3.1　2003—2011年国内生产总值及其增长速度

来源：中华人民共和国国家统计局

----

① 中华人民共和国国家统计局：《从十六大到十八大经济社会发展成就系列报告之一》，http://www.stats.gov.cn/ztjc/ztfx/kxfzcjhh/201208/t20120815_72837.html（访问时间：2018年12月25日）

位，社会生产力和综合国力显著提升。①

　　随着改革开放的深入，发展中的一些深层次问题开始暴露出来，生态环境保护已经成为经济社会发展中的一个薄弱环节，制约着经济社会的健康协调发展，过度开发和盲目发展造成环境污染事件屡见不鲜。如发生于 2007 年的那场触目惊心的太湖污染事件——无锡太湖蓝藻大爆发。② 我国江苏的太湖爆发了严重蓝藻污染，持续时间长，范围广，造成了无锡全城自来水污染，给当地的人民生活和生产造成严重影响。而引发事件的主要原因是太湖流域工业和生活废污水排放总量巨大以及环太湖区域农业生产造成的污染。太湖污染事件引起了当地政府的高度重视，并于 2007 年 8 月出台了《无锡市河（湖、库、荡、氿）断面水质控制目标及考核办法（试行)》，这份文件的出台，被认为是无锡全面推行"河长制"的起源。③ 我国一些重大污染事件相继的发生，让当时的国家领导人越来越意识到经济的发展不能以环境的破坏为代价，"GDP至上"的政绩观已经过时。④

　　党的十六大以来，以胡锦涛同志为核心的党的第四代中央领导集体提出了科学发展观，并明确了生态文明的科学概念和基本要求。"科学发展观"的提出，体现了中国领导层在经济现代化进程进入中后期阶段以后，重构经济发展与环境保护关系的一种努力。⑤ 这一术语最早由胡锦涛同志于 2003 年 10 月在中共十六届三中全会上提出，第一次在党的正式文件中完整地提出了科学发展观，其发轫却可追溯到 2002 年举

---

　　① 罗贤宇：《改革开放 40 周年：生态文明建设的"中国样本"》，载《云南民族大学学报（哲学社会科学版)》，2018 年第 4 期。

　　② 罗贤宇：《改革开放 40 周年：生态文明建设的"中国样本"》，载《云南民族大学学报（哲学社会科学版)》，2018 年第 4 期。

　　③ 罗贤宇：《改革开放 40 周年：生态文明建设的"中国样本"》，载《云南民族大学学报（哲学社会科学版)》，2018 年第 4 期。

　　④ 罗贤宇：《改革开放 40 周年：生态文明建设的"中国样本"》，载《云南民族大学学报（哲学社会科学版)》，2018 年第 4 期。

　　⑤ 罗贤宇：《改革开放 40 周年：生态文明建设的"中国样本"》，载《云南民族大学学报（哲学社会科学版)》，2018 年第 4 期。

行的中国共产党第十六次全国代表大会。"科学发展观"在一定程度上可视为可持续发展战略的一种升级版。① 因为，它更明确地承认了传统经济现代化发展模式的非科学性和不可持续性——以同样高的自然环境代价来追求高速的经济增长，并强调环境与生态考量，在经济发展中，乃至对于经济增长本身而言的重要性。至此，我国在建设中国特色社会主义的伟大实践中，从全面落实科学发展观的高度，来推进生态环境保护和建设工作，并大力推动了我国公民科学发展观的培育。②

二、实施建设"两型社会"的任务

2005 年 3 月，在中央人口资源环境座谈会上，胡锦涛首次发出"努力建设资源节约型、环境友好型社会"的号召。③ 2005 年 10 月，党的十六届五中全会明确提出了要加快建设"两型社会"。④ 在我国"十一五"规划中把建设"两型社会"确定为一项重要战略任务，进一步提升了实施建设"两型社会"的重要性。"两型社会"是一种人与自然和谐共生的社会形态，其核心内涵是人类进行合理的生产与消费活动，最终实现自然生态系统协调可持续发展，是构建社会主义和谐社会的重要组成部分。在党的十七大报告中进一步强调了建设"两型社会"对于提高人民生产生活水平的重要性。从 2005 年至 2011 年，"两型社会"作为生态文明建设重要内涵，已经从理念层面、实践层面等各个层面全面深入到国家政策和发展规划当中。由此，实施"两型社会"的目标任务为培育科学发展观奠定了实践基础。

---

① 罗贤宇：《改革开放 40 周年：生态文明建设的"中国样本"》，载《云南民族大学学报（哲学社会科学版）》，2018 年第 4 期。
② 罗贤宇：《改革开放 40 周年：生态文明建设的"中国样本"》，载《云南民族大学学报（哲学社会科学版）》，2018 年第 4 期。
③ 胡锦涛：《在中央人口资源环境工作座谈会上强调扎扎实实做好人口资源环境工作推动经济社会发展实现良性循环》，载《人民日报》，2005 年 3 月 13 日。
④ 《中共十六届五中全会在京举行》，载《人民日报》，2005 年 10 月 12 日。

三、健全环境保护的体制机制建设

2002 年至 2011 年，我国不断健全环境保护的体制机制建设。首先，初步形成了与市场经济体系相适应的环境法律体系。国家相继发布了《危险化学品安全管理条例》《医疗废物管理条例》《危险废物经营许可证管理办法》《环境保护违法违纪行为处分暂行规定》《中华人民共和国濒危野生动植物进出口管理条例》等，环境法制建设得到进一步完善。[①]其次，进一步完善环境考核政策。2009 年 7 月，国家制定了《关于建立促进科学发展的党政领导班子和领导干部考核评价机制的意见》，强调将完善考核内容作为建立促进科学发展的干部考核评价机制的重点任务，充分体现了考核内容的约束性与激励性。最后，健全环境监察体制机制。2011 年 10 月，国务院专门印发了《关于加强环境保护重点工作的意见》，这一文件的出台，成为推进我国环境监察的重要文件。文件在全面总结以往监察工作经验的基础上，提出全面提高环境保护监督管理水平[②]，改革创新环境保护体制机制。这不仅为我们以后健全相关机制积累了宝贵的经验，也为培育科学发展观提供了制度保障。

第四节　成熟阶段：生态文明价值观的培育

一、明确提出生态文明建设的战略

改革开放改变了生产关系和生产力不相适应的状况，社会生产力得

---

① 罗贤宇：《改革开放 40 周年：生态文明建设的"中国样本"》，载《云南民族大学学报（哲学社会科学版）》，2018 年第 4 期。

② 任铃、张云飞：《改革开放 40 年的中国生态文明建设》，北京：中共党史出版社 2018 年版，第 113 页。

到极大解放，社会财富迅速增长，人民生活得到逐步改善。改革开放 40 年以来，我国城乡居民收入水平呈现出大幅度增长态势。从 1978 年到 2017 年，城镇居民人均可支配收入由 343 元提高到 36396 元，农村居民家庭人均纯收入由 134 元提高到 13432 元，全国农村贫困人口从 7.7 亿减少到 3046 万，减少了将近 7.4 亿，农村居民贫困发生率从 1978 年的 97.5% 降为 3.1%。[①] 改革开放使得民生得到显著改善，全面建成小康社会的奋斗目标将一步步变为现实。经济学里有一条著名的曲线，叫做环境库兹涅茨曲线，这条倒 "U" 形曲线讲述的是，发达国家现代化进程中无一例外遭遇过的一段困境：经济越发展，环境污染越严重。今天的中国，正攀爬在这条曲线陡峭的上升区间。改革开放 40 年创造了经济飞速发展的 "中国奇迹"，但也需要人们沉思中国奇迹背后所付出的环境代价。[②] 2013 年，中国遭遇史上最严重雾霾天气，雾霾波及 25 个省份，几乎席卷大半个中国。104 个城市重度 "沦陷"，全国平均雾霾天数达 29.9 天，创 52 年之最；多地橙色、红色预警不断，$PM_{2.5}$ 增至 700、1000（微克/立方米），爆表的 "霾" 纪录，令人震惊。[③] 据北京大学环境科学与工程学院的一份研究报告显示，2013 年 1 月的雾霾事件造成全国交通和健康的直接经济损失保守估计约 230 亿元。[④] 此次雾霾事件不仅给国家和社会造成了严重的经济损失，还极大地影响了人民的生活质量。为此，2013 年 9 月我国专门印发了《大气污染防治行动计划》（简称 "大气十条"），"大气十条" 发布实施以来全国整体空气质量大幅改善。[⑤]

[①] 罗贤宇：《改革开放 40 周年：生态文明建设的 "中国样本"》，载《云南民族大学学报（哲学社会科学版）》，2018 年第 4 期。

[②] 罗贤宇：《改革开放 40 周年：生态文明建设的 "中国样本"》，载《云南民族大学学报（哲学社会科学版）》，2018 年第 4 期。

[③] 新华网：《全国今年平均雾霾天数达 29.9 天创 52 年来之最》，http://sg.xinhuanet.com/2013-12/30/c_125931211.htm，2013-12-30/2018-03-03（2018 年 12 月 25 日）

[④] 穆泉、张世秋：《2013 年 1 月中国大面积雾霾事件直接社会经济损失评估》，载《中国环境科学》，2013 年 11 期。

[⑤] 罗贤宇：《改革开放 40 周年：生态文明建设的 "中国样本"》，载《云南民族大学学报（哲学社会科学版）》，2018 年第 4 期。

以北京市为例，2017 年与 2013 年相比，北京市主要污染物年均浓度均显著下降，二氧化硫（SO_2）、二氧化氮（NO_2）、可吸入颗粒物（PM_{10}）、细颗粒物（$PM_{2.5}$），分别下降 70.4%、17.9%、22.2%、35.6%；其中二氧化硫（SO_2）下降幅度最大，2017 年年均浓度首次降到个位数。（见图 3.2，图中四条线由上到下依次代表 PM_{10}、$PM_{2.5}$、NO_2、SO_2）[1]因此，高消耗、高排放不是现代化的必由之路，唯有通过转变发展方式、提高发展质量，才能早日步入"环境库兹涅茨曲线"的下行区间。[2]

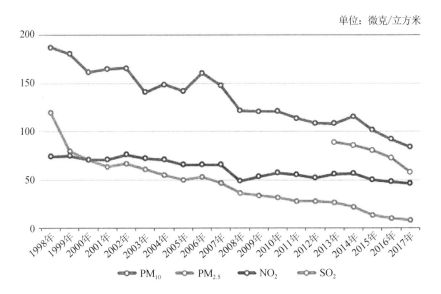

单位：微克/立方米

图 3.2 1998—2017 年空气中主要污染物年平均浓度值变化趋势图

来源：北京市生态环境局

2012 年 11 月，党的十八大报告中专门单篇论述了"大力推进生态文明建设"的战略决策，完整描绘了今后相当长一个时期我国生态文明

---

① 北京市生态环境局：《2017 年全市 PM2.5 年均浓度为 58 微克/立方米完成国家"大气十条"任务目标》，http://sthjj.beijing.gov.cn/bjhrb/index/xxgk69/zfxxgk43/fdzdgknr2/xwfb/827457/index.html，2018 – 01 –03/2018 – 03 – 03（访问时间：2018 年 12 月 25 日）

② 罗贤宇：《改革开放 40 周年：生态文明建设的"中国样本"》，载《云南民族大学学报（哲学社会科学版）》，2018 年第 4 期。

建设的宏伟蓝图。党的十八大以来，以习近平同志为核心的党中央进一步明确了我国社会主义生态文明建设的性质、任务、目标和方向。生态文明建设全面发力，不断深入，取得积极进展，揭开崭新的一页，同时为生态文明价值培育提供了良好的政策环境。

二、提倡弘扬生态文明主流价值观

2015 年，中共中央制定《关于加快推进生态文明建设的意见》，明确提出要"弘扬生态文明价值观，把生态文明纳入社会主义核心价值体系"①，从价值观层面指明了开创社会主义生态文明新时代的方向。② 党的十八大以来，以习近平同志为核心的新一代领导集体把生态文明建设提到了关系中华民族永续发展的根本大计的高度，中国将建设美丽中国作为国家发展的重要目标之一，为生态文明价值观培育提供了基本思路和方向，最终目的是实现经济发展与生态平衡的双赢，促进中国社会的全面进步。③ 从党的十八大形成生态文明建设的基本框架，到 2013 年习近平总书记在哈萨克斯坦纳扎尔巴耶夫大学向世界传达了中国绿色发展的理念；再到 2015 年中共中央制定生态文明体制改革总体方案，要求从制度上保障生态文明建设；紧接着，2017 年党的十九大报告中有关生态文明建设的论述，在十八大报告的基础上又有了很大的提升，提得更高、更具体。④ 2018 年全国生态环境保护大会指出，必须加快建立健全以生态价值观念为准则的生态文化体系。党的十八大以后，习近平总

---

① 《中共中央国务院关于加快推进生态文明建设的意见》，北京：人民出版社 2015 年版，第 4 页。

② 罗贤宇：《改革开放 40 周年：生态文明建设的"中国样本"》，载《云南民族大学学报（哲学社会科学版）》，2018 年第 4 期。

③ 罗贤宇：《改革开放 40 周年：生态文明建设的"中国样本"》，载《云南民族大学学报（哲学社会科学版）》，2018 年第 4 期。

④ 罗贤宇：《改革开放 40 周年：生态文明建设的"中国样本"》，载《云南民族大学学报（哲学社会科学版）》，2018 年第 4 期。

书记立足当前社会实际，针对促进我国生态文明建设发展系统提出了更加丰富、更加明确的整体布局和战略要求，就生态文明建设过程中出现的重大理论问题和实践方向进行了系统、深刻的解答，形成了习近平生态文明思想。这不仅为生态文明建设指明了前进方向，提出了基本方针，也指引着当前我国生态文明价值观培育朝着正确的方向前进。①。

三、逐步完善的生态文明制度体系

十八大以来，我国生态文明制度逐步得到完善。首先，2015 年 4 月出台的《中共中央国务院关于加快推进生态文明建设的意见》以及 2015 年 9 月印发的《生态文明体制改革总体方案》，这两份文件为我国形成完善系统的生态文明制度体系奠定了坚实的基础。其次，严格生态环境损害责任制度。2015 年，我国先后出台了《党政领导干部生态环境损害责任追究办法（试行）》以及《生态环境损害赔偿制度改革试点方案》，明确了生态环境损害责任追究和赔偿工作。② 再次，十八大以来，党和政府高度重视污染防治，先后出台了《大气污染防治行动计划》《水污染防治行动计划》和《土壤污染防治行动计划》，加强了我国大气、水、土壤污染的综合治理，极大地改善人们的生存条件和环境。此外，生态环境部也在生态文明建设领域出台了许多文件，比如《国家生态文明建设示范县、市指标（试行)》《生态环境大数据建设总体方案》等，保障了生态文明建设在实践层面的不断推进。我国生态文明制度体系的逐步完善，为生态文明价值观培育提供了制度保障。

从以上可以看出，培育公民生态文明价值观，这是中国特色社会主义事业中必须解决的重大问题，也是改革开放以来党和国家一直在探讨

---

① 罗贤宇：《习近平生态文明思想及其政治转换》，载《党史研究与教学》，2017 年第 5 期。

② 内蒙古自治区环境保护宣传教育中心编：《生态文明建设和环境保护重要文件汇编》，北京：中国环境出版社 2017 年版，第 37 页。

的关键问题。我国目前还处于工业文明的全球化时代，仍需采用社会主义市场经济的模式来发展自身，而在发展社会主义市场经济的同时，也遭遇了许多生态困境与问题，我国解决生态问题的策略是将马克思主义生态思想、中国传统文化中的生态思想与中国具体实践相结合，培育公民生态文明价值观，探索出一条具有中国特色社会主义的生态文明建设之路。① 因此，新中国成立以来中国的生态文明逻辑思路沿循"绿化祖国的生态觉醒""确立环境保护的基本国策"到"可持续发展意识的培育"，再到"科学发展观的培育"，最后到"生态文明价值观的培育"演进。它体现着新中国成立以来中国对生态文明规律性解读的日益深化②，并揭示了生态文明价值观培育逻辑思路的符合国情演进的必然性。③

① 罗贤宇：《改革开放40周年：生态文明建设的"中国样本"》，载《云南民族大学学报（哲学社会科学版）》，2018 年第 4 期。

② 胡建：《马克思生态文明思想及其当代影响》，北京：人民出版社 2016 年版，第 280 页。

③ 罗贤宇：《改革开放40周年：生态文明建设的"中国样本"》，载《云南民族大学学报（哲学社会科学版）》，2018 年第 4 期。

第四章　当代中国公民生态文明
价值观培育的现状与困境分析

生态文明价值观培育的过程，是一个与时俱进的过程。现阶段，我国高度重视公民生态文明价值观培育，并已取得了一定成效，但还面临着诸多现实困境与问题，这就需要我们研究现实困境与问题产生的深层次原因，来进一步解决问题，促进我国公民生态文明价值观的培育。

第一节　当代中国公民生态文明
价值观培育的现状分析

一、国家高度重视公民生态文明价值观培育

公民生态文明价值观的培育对一个国家生态环境的保护与发展，起着至关重要的作用。公民生态文明价值观培育的效果直接影响着社会生态行为的选择，以及各主体生态责任的履行和担当。我国在探索人与自然和谐的道路上，传承着中国传统文化中的生态思想，并结合现代文明的优秀成果，构建了人类未来发展的全新模式——生态文明之路。2012年11月，党的十八大制定了社会主义生态文明建设的基本任务、战略

目标、总体要求、着力点和行动方案。2015 年 4 月，《中共中央国务院关于加快推进生态文明建设的意见》也提出了要使生态文明成为社会主流价值观的具体目标。2017 年 10 月，党的十九大进一步提出了我们要牢固树立社会主义生态文明观的战略。2018 年 5 月，习近平总书记在全国生态环境保护大会上强调，要加快建立健全以生态价值观为准则的生态文化体系。这都充分体现了我国高度重视公民生态文明价值观培育，并为公民生态文明价值观培育奠定了政策基础。

生态文明价值观作为生态文明的观念引领和集中表达，在环境保护被确立为我国"基本国策"、可持续发展被列入我国"发展战略"、生态文明被纳入"五位一体"总体布局当中并得到高度重视。改革开放以来，我国坚持将生态文化的思想精髓纳入社会主义生态文明时代核心价值体系，贯穿于国家经济社会发展战略、规划布局、制度建设等生态文明建设全过程，形成了弘扬生态文化、共建生态文明的良好社会氛围和社会凝聚力，尤其是"着力树立生态文明观"成为党的十八大以来我国生态文明建设的重大举措。2015 年 4 月，《中共中央国务院关于加快推进生态文明建设的意见》中，确立了我国 2020 年生态文明建设目标，强调生态文明主流价值观要在全社会得到推行，党的十九大报告明确提出了牢固树立社会主义生态文明观的战略目标。[1]

为落实党中央提出的"生态文明观念在全社会牢固树立"的要求和部署，近年来我国始终重视对生态文明价值观培育工作。2009 年环境保护部、中宣部联合下发的《关于做好新形势下环境宣传教育工作的意见)》，2011 年下发的《全国环境宣传教育行动纲要（2011—2015年)》，2016 年环境保护部、中宣部等六部委联合发布的《全国环境宣传教育工作纲要（2016—2020 年)》，2018 年生态环境部等五部门联合发布的《公民生态环境行为规范（试行)》，这些都是我国关于生态文明

---

① 张云飞：《辉煌 40 年——中国改革开放成就丛书（生态文明建设卷)》，合肥：安徽教育出版社 2018 年版，第 306 页。

价值观培育宣传工作的重要文件。围绕"十二五""十三五"时期我国建设生态文明的要求，进行了环境宣传教育的安排部署，提出要开展全民环境教育行动、引导规范环境保护公众参与、发展环境文化产业，打造环境文化精品以及建设环境宣传教育系列工程等。[①]

二、公民生态文明价值观培育已取得一定成效

（一）大力宣传生态文明理念

当前，我国通过各种宣传活动和实践活动来传播生态文明理念，从各个层面通过在生态文明教育领域加强对公民的生态文明价值观培育，在公民生态文明价值观培育方面已取得了一定成效。一方面，通过在全社会扎实开展国家生态文明建设示范市县、国家生态文明先行示范区、国家生态文明试验区等创建活动，为全国各地提供可复制、可推广的模式。另一方面，通过倡导绿色生产方式和生活方式，强化社会环保责任，建立和完善相关制度，对破坏生态环境的行为进行惩罚，引导人民群众转变生活方式，崇尚勤俭节约、奉行绿色低碳、追求文明健康，使生态文明成为全社会奉行的主流价值观。

党的十九大提出要牢固树立社会主义生态文明观。[②] 社会主义生态文明观科学总结了新中国成立以来尤其是党的十八大以来取得的生态文明建设的伟大成就，集中体现了中国共产党人的生态智慧所形成的价值观念。党的十九大以来，党中央围绕"提高公民的生态文明素质，牢固树立社会主义生态文明观"出台了一系列的政策，2016 年 8 月，中共中央办公厅、国务院办公厅印发《关于设立统一规范的国家生态文明试验

---

① 《全国环境宣传教育行动纲要（2011—2015 年）》，载《环境教育》，2011 年第 6 期。

② 习近平：《决胜全面建成小康社会夺取新时代中国特色社会主义伟大胜利——在中国共产党第十九次全国代表大会上的报告》，北京：人民出版社 2017 年版，第 52 页。

区的意见》，在福建、江西、贵州、海南四省开展国家生态文明试验区建设，探索不同的生态文明建设有效模式，大力宣传生态文明理念，这也是在社会主义生态文明观指导下的自觉实践过程，使生态文明价值观念深入人心。

　　2018 年，我国在世界环境日国家主场活动现场联合发布《公民生态环境行为规范（试行）》（以下简称《规范》），共包括"十条"行为规范，为公民生态文明价值观培育确立了具体的行为规范①；自 2009 年以来，经国家林业局、教育部、共青团中央共同命名，每届授予十个单位"国家生态文明教育基地"称号，为公民生态文明价值观培育提供了实践基地。据公民生态环境行为调查报告（2019 年）显示，大专、本科及以上受访者"总是"或"经常"关注生态环境信息的人数高达六成②，表明大多数公众关心生态环境保护，越来越多的公众接受"尊重自然、顺应自然、保护自然"的生态文明理念（见图 4.1）。

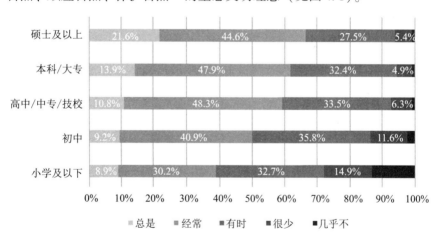

图 4.1　不同受教育程度人群关注生态环境信息情况

来源：中华人民共和国生态环境部

---

　　①　《公民生态环境行为规范（试行）》，载《环境保护》，2018 年第 14 期。
　　②　生态环境部环境与经济政策研究中心课题组：《公民生态环境行为调查报告（2019年）》，载《环境与可持续发展》，2019 年第 3 期。

（二）有序推进公民生态文明价值观培育

党的十八大首次明确提出要将生态文明上升为社会主流价值观，实际上，生态文明的核心理念和精神实质早已渗透和融入我国精神文明、生态道德和生态观念的具体建设当中，经历了"精神文明—生态道德—生态文明"的有序推进过程。社会主义社会的发展是物质文明的发展，更需要精神文明同步发展。在公民道德建设的过程中，我国又把人与自然的关系纳入道德调节的范围当中。生态意识和生态道德在我国的有序推进，为公民生态文明价值观培育奠定了良好的思想基础。据公民生态环境行为调查报告（2019 年）显示，公众普遍认为自身具备一定的生态环境意识和行为水平，且在不断提升，为公众参与和推动生态环境工作奠定了基础，约四分之三的受访者认为自身的生态环境意识和行为水平有所提升（见图 4.2）。①

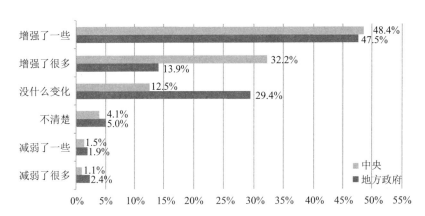

图 4.2　公众生态环境保护意识水平与行为表现变化自我评价

来源：中华人民共和国生态环境部

---

① 生态环境部环境与经济政策研究中心课题组：《公民生态环境行为调查报告（2019年）》，载《环境与可持续发展》，2019 年第 3 期。

（三）身体力行践行生态文明价值观

在培育公民生态文明价值观的过程中，通过理论与实践相结合，将其渗透和体现在具体的行动中，可以通过外化于形，收到内化于心的良好效果。比如，通过植树造林运动，将"植树造林，绿化祖国，造福后代"的生态文明和永续发展的理念在中华大地广为传播；在企业经营管理中，"以奖促节"的政策措施，更是将节约资源、降低能耗渗入到企业的经济活动中。在生活中，倡导节约资源，不使用一次性塑料袋、光盘行动、低碳出行等绿色理念开始深入人心。

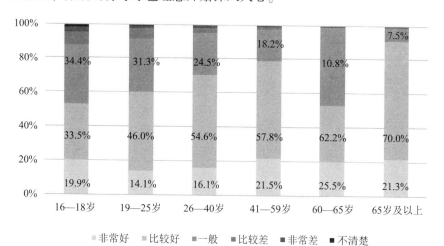

图 4.3　不同年龄段人群"外出就餐时适度点餐或餐后打包"方面行为情况
来源：中华人民共和国生态环境部

据公民生态环境行为调查报告（2019 年）显示，超七成公众对自身践行"外出就餐时适度点餐或餐后打包"行为评价较高。80.2% 的受访者认为该行为对于保护我国生态环境是重要的，72.6% 的受访者认为自身在这方面做得"非常好"或"比较好"。分年龄段来看，年龄与"外出就餐时适度点餐或餐后打包"的自我评价呈正相关。65 岁及以上老年群体认为自己做得"非常好"或"比较好"的比例高达 91.3%，而 18 岁及以下群体的比例只有 53.4%①，体现了不同年龄段人群身体力行践行生态文明价值观（见图 4.3）。

党的十八大以来，我国在充分借鉴世界科技和产业发展的基础上，开始大力推进环保产业，将生态文明观念和经济发展有机结合，通过环保产品，使得环保的理念深入人心。此外，生态文明宣传教育也取得了很好的社会效应，通过绿色学校、绿色家庭、绿色社区等行动，逐步地将社会主义生态文明价值观融入学校、家庭和社区当中，使学校、家庭和社区等成为践行生态文明价值观的"主战场"，为实现生态文明价值观培育的全覆盖打下了坚实的基础。

第二节　当代中国公民生态文明价值观培育的现实困境

当前，公民生态环保意识的缺乏与参与意识的不足等问题严重影响和制约了当前我国公民生态文明价值观的培育。在这个方面，我国相关的法律制度的外在约束力还不够，需要公众生态道德等内在约束力量的补充。生态文明价值观的最终实现，需要公民将保护环境、改善生态、合理利用资源的思想逐步渗透到日常生活中来。下文将从生态文明价值观培育的主体、客体、内容、载体、环境五个方面来深入分析当前我国生态文明价值观培育面临的困境。

一、培育主体生态责任的缺位

生态文明价值观培育的主体主要包括政府、学校、社会、家庭和个

---

① 生态环境部环境与经济政策研究中心课题组：《公民生态环境行为调查报告（2019年）》，载《环境与可持续发展》，2019 年第 3 期。

人，他们在生态文明价值观培育过程中起到决策、组织和实施作用。

（一）政府部门生态责任的缺位

政府作为美丽中国的战略制定者，其相关政策直接关系到生态文明价值观培育的效果。政府的生态责任反映了一个政府对绿色发展理念的理解与推进。政府是国家推进生态文明建设和美丽中国建设的主导力量，也是生态文明价值观培育的保障。生态文明价值观培育的过程都需要通过这一主体主导制定并保证执行。因此，公民生态文明价值观的培育，亟需党和政府的强大领导。我国改革开放以来，以经济建设为中心，将尽最大可能增加社会物质财富放在所有工作的首位，但也因此忽略甚至无视对生态环境的治理和保护，以致模糊了政府部门的生态责任，其直接后果就是政府生态责任的错位甚至缺位，不利于生态文明价值观的培育。

1. 片面强调经济发展导致政府生态责任的缺失

改革开放以来，我国在经济建设等领域取得的成绩令世界瞩目，但我们也应清醒地认识到，经济长期高速增长背后的代价是巨大的，能源过度消耗、资源严重浪费、生态极度破坏。有关数据表明：我国环境退化成本从 2004 年到 2010 年增长了 115%，虚拟治理成本从 2004 年到 2010 年增长了 94.5%。经济不断增长的背后，环境恶化问题已不堪重负。生态文明的核心理念是人与自然的和谐统一，马克思强调："人直接地是自然存在物。人作为自然存在物，而且作为有生命的自然存在物。"[①] 因此，人类的经济发展要顺应自然生态规律，保证生态系统的可持续发展。可以说，我国的经济增长付出了很高的生态成本。究其原因，就是过去的政府片面强调以经济建设为中心，而忽视了自身的生态责任，不利于落实政府生态文明价值观培育的主体责任。

---

① 《马克思恩格斯文集》第 1 卷，北京：人民出版社 2009 年版，第 209 页。

2. 生态文明价值观培育缺少统一的部署、实施、引导和宣传

政府部门生态责任的缺位，一方面，是因为许多政府部门认为生态责任直接是环保部门的责任，而其他部门却没有责任，出现互相推诿的现象。另一方面，由于政府部门缺乏卓有成效的宣传和教育，上到知识精英，下到普通民众，生态文明价值观、绿色发展理念并未完全深入到他们心中，生态责任感更是缺失。虽然口号上人人都知道保护环境是每一位公民的事情，但现实中，面对破坏环境的行为，或者麻木不仁，或者认为与己无关，或者害怕惹祸上身，很多人都视而不见，既不愿过问，更不会去加以制止，甚至自己也是污染环境的一分子。另外，由于缺乏来自制度上对公众环保行为的保障和鼓励，公众缺乏保护环境的自觉性和积极性。尤其是现实中一些执法不严，甚至部分执法者违背环保法的现象，都会直接影响到公众保护生态环境的积极性。公民生态文明价值观的培育，不仅需要政府在制度层面、法律层面的作为，更需要在思想层面和价值观层面的宣传教育和生态责任意识的引导。因此，公民生态文明价值观培育活动需要我国设立专门的部门，统一部署、实施、引导和宣传。

（二）学校生态责任的缺位

青少年是社会的未来，是美丽中国的未来建设者，必须加强生态文明价值观的教育和养成。学校作为青少年学习生活的主要场所，要在青少年的生态文明价值观的教育中发挥好主渠道作用。但长期以来，我国教育主管部门对学校开展生态文明价值观培育重视程度不够，在校学生生态文明价值观明显缺失。

1. 学校生态文明教育的良好氛围尚未形成

目前我国各类学校生态文明价值观培育还处于起步阶段，学校宣传生态文明价值观培育的良好氛围还未形成，青少年整体的生态文明意识

还比较落后，缺失相应的领导管理机制和协同推进的体制机制，部分教育部门和地方政府部门尚未形成自觉开展学校生态文明价值观培育的氛围，存在"说起来很重要、工作起来却落实不到位"的现象，这严重制约了学校生态文明价值观培育的发展。① 这亟待学校进一步转变教育观念，明确目标定位，改进教育内容，不断创新教育方式，将传统学科教育与生态文明理论知识、生态文明价值观教育有机结合起来，注重提高学生的生态意识，使学生走上社会后，能够在保护生态环境的条件下正确运用科技和技能，真正成为引领人与自然和谐发展的推动力量。② 学校生态文明价值观培育不仅需要转变观念，从思想上高度重视，更需要采取切实行动，在实践中身体力行。应充分发挥党支部、共青团、学生会、学生协会、社团等组织的作用，利用与环保有关的世界环境日、植树节等各种纪念日开展活动，形成合力，使更多的主体共同参与到学校生态文明价值观培育当中，形成良好的培育氛围。③

2. 学校生态文明价值观缺少坚实的制度保障

首先，从国家层面来看，我国相关部门虽然对国外许多国家在环境教育立法方面进行了大量调研，天津、宁夏等地区也率先制定了专门的环境教育条例，但相对于全国而言，仍然缺乏系统完整的环境教育专门立法。国外发达国家在大力推进环境教育方面积累了较为成熟的经验和做法，其中一个成功经验就是通过设立严格的环境教育立法和执法规范。如美国从 1970 年开始就制定了《环境教育法》《环境教育发展计划》《环境教育和培训计划》等一系列环境教育法规和发展计划，为环

---

① 罗贤宇、俞白桦：《价值塑造：协同推进高校生态文明教育》，载《教育理论与实践》，2017 年第 15 期。

② 罗贤宇、俞白桦：《价值塑造：协同推进高校生态文明教育》，载《教育理论与实践》，2017 年第 15 期。

③ 罗贤宇、俞白桦：《价值塑造：协同推进高校生态文明教育》，载《教育理论与实践》，2017 年第 15 期。

境教育的有效实施提供了依据与保障。① 其次，从学校层面来看，高校是学校生态文明价值观培育的主力军。目前我国高校生态文明教育主要以各类生态、环境保护专业教育为主，如环境工程、环境科学、生态学等，大部分高校还没有设立专门的生态文明教育课程和教学制度。在教学方式上主要采用集中灌输的方式，而缺乏对学科课程的渗透，缺少跨学科知识的融合，也受制于大学生自身的生态文明理论知识与实践能力。在生态文明教育的教学制度、教学内容、教学手段、学科分类和实践环节等方面，与其他国家相比仍存在着较大的差距，高校生态文明教育的知识传授和能力培养远没有跟上社会对人才综合素质的培养要求。②

3. 尚未形成完整的学校生态文明教育体系

首先，政府应是最重要的推动者，政府是学校教育政策方针的制定者，虽然国家正大力推进生态文明建设，但政府、学校、家庭和社会共同参与的学校生态文明教育方面还缺少相关的规划和政策的支持，尤其缺乏对生态文明教育人才的培训规划，缺乏对学校生态文明教育的指导和推动。所以我国学校生态文明教育要真正落到实处，可能还需要来自政府机构的统一协调推动。其次，直接承担学生生态文明教育的学校，虽然越来越重视将生态文明教育付诸实践，但在具体实施中，有的学校仍存在重视校园环境建设，忽视对学生进行生态文明价值观塑造的现象，在学科建设、教学计划、学生实践活动等方面，也不同程度存在各自为政的现象，从而容易导致学校自发开展生态文明教育的动力不足，成效不佳。目前我国学校生态文明教育在不少学校的环境专业课程以及一些公共课、选修课程当中虽有所体现，但尚未形成完整的学校生态文明教育体系，社会参与热情不高，同时缺乏长期稳定的经费、资金支

---

① 罗贤宇、俞白桦：《价值塑造：协同推进高校生态文明教育》，载《教育理论与实践》，2017 年第 15 期。
② 罗贤宇、俞白桦：《价值塑造：协同推进高校生态文明教育》，载《教育理论与实践》，2017 年第 15 期。

持。从国外发达国家环境教育的成功经验来看，都是政府、学校和社会公众共同参与，并充分发挥他们各自的作用，来协同推进生态文明价值观培育。①

4. 教学方法重于理论，体验式实践教学缺位

目前，我国学校生态文明教育中存在重理论、轻实践的做法，未能充分调动大学生积极性和主动性。对学生主体性缺乏足够的认识，不同程度阻碍了学生个性的发展。② 由于受我国基本国情和传统教学模式的影响，在生态文明教育的形式上不少教师在上课时形式较为单一，只注重教师讲、学生听的灌输式的课堂教学，理论宣传式的教育，没有形成生态文明教育在学科知识上的教学渗透，缺乏有计划地引导大学生参与紧贴生态环境现状的生态文明实践行动教学，泯灭了生态文明教育的特性，割裂了教育教学内容与客观世界的联系，难以调动当代大学生参与生态文明建设的热情，难以将生态文明理论知识运用于社会实践中，或难以转化到个体的具体生态文明实践行动当中。在教学方法上，创设情景不足，教师下放部分权力让学生自己设计的机会太少。这样，不仅造成生态文明教育的理论与实践的割裂，也导致大学生对生态文明内涵、理论知识的理解较为模糊。③ 在生态文明价值观培育上，重形式、轻精神④，没有将其与现实生活联系，没有将生态文明意识内化为大学生自己内在的道德要求。⑤

---

① 罗贤宇、俞白桦：《价值塑造：协同推进高校生态文明教育》，载《教育理论与实践》，2017 年第 15 期。

② 罗贤宇、俞白桦：《价值塑造：协同推进高校生态文明教育》，载《教育理论与实践》，2017 年第 15 期。

③ 罗贤宇、俞白桦：《价值塑造：协同推进高校生态文明教育》，载《教育理论与实践》，2017 年第 15 期。

④ 廖福霖：《生态文明建设理论与实践》，北京：中国林业出版社 2003 年版，第 146 页。

⑤ 罗贤宇、俞白桦：《价值塑造：协同推进高校生态文明教育》，载《教育理论与实践》，2017 年第 15 期。

（三）社会生态责任的缺位

通过社会教育来培育生态文明价值观是重要的一环，而社会教育主要是通过企业、社会团体、媒体等来开展的。

1. 企业生态责任的缺位

目前，由于生态意识与生态责任的缺失，再加上没有严厉的法治惩治措施，很多企业环境污染违法成本低、处置不到位，这些企业主体包括一些国有企业，为追求经济效益，不惜耗费资源、能源，同时将工业废气、废水、废物直接排放，对空气、水体、土壤造成严重的污染，人类赖以生存的家园——地球遭受日益严重的破坏。各种自然资源惊人消耗、各种能源快速枯竭、各种生物急剧消失，人与自然的关系不断恶化，严重影响了人类生存与发展。

此外，许多企业为了实现利润最大化，完全置生态环境和社会责任于不顾，对环境的破坏必然是直接和严重的。这些企业往往有意逃避生态责任，一味地追求利益和利润，重视金山银山，而忽视了绿水青山，认为生态环境保护的责任仅仅由国家或政府来承担等，因而他们在环境保护上通常表现为生态责任与担当的缺失，其本质是功利主义的结果。当企业成为财富物质的仆人时，生态环境和社会责任就自然而然抛到脑后去了。这些都不利于生态文明价值观的培育。

2. 环保类社会组织生态责任的缺位

环保类社会组织通过宣传环保理念，倡导绿色生活方式，在生态文明价值观培育中开展了许多层面的社会实践活动，是社会教育的主体，对于提升公众环保意识、促进社会环保建设、推动政府立法决策等起到了十分重要的作用。但我国环保类社会组织起步晚、发展不平衡，加上社会一些负面因素的影响，这些组织在生态文明价值观培育活动中的力度不大，实际作用和影响力都十分有限。纵观环保社会教育现状，还存在诸多问题：

第一，涉及层面不广。大部分环保类社会组织规模很小，没有什么经费来源，举办的少数活动，只能在有限的范围内开展，比如在某个社区、某个公园，或是街头、巷尾，能在大中小学校开展的已经是难能可贵的；另外，环保类社会组织活动的发起者和参与者主要是知识分子、公职人员、教师学生等社会知识阶层，广大的市民、工人、农民参与度较低；还有就是环保类社会活动开展的区域分布不均衡，主要集中在北上广深一线城市和东部沿海发达地区，中西部许多地区除了少数中心城市，鲜有环保类社会组织，公众对环保类社会组织知之甚少。

第二，活动层次不高。目前，我国环保类组织开展的活动涉及面较窄，层次较低，比如常常组织小范围的宣传讲座、垃圾清扫、绿色生活、植树绿化、动植物保护等，这些活动一般对公众社会环保理念上的影响十分有限，而那些类似于"垃圾分类""环境维法"等真正需要环保组织集中力量的活动开展较少，对培养公众环境保护理念、提升公众参与环保的主动性、积极性、创造性的促进作用还远远不够。

第三，影响力度不大。环保类社会组织通常都会以各种形式举办各类环保活动，但活动往往是小打小闹、形式单一、次数有限，有些环保类社会组织甚至是自娱自乐、博眼球。社会公众基本忽视它们的存在，更谈不上对社会公众的教育、影响和感召。

第四，社会监督不足。环保类社会组织理应独立开展活动，不受政府与企业意志的影响，自发自主地参与社会环境监督、表达社会公众的环境诉求、推动政府环保建章立法。但现实情况却比较复杂，环保类社会组织身份不一、监督效能参差不齐。政府主导成立的环保类社会组织，先天不足，其生存依赖政府，活动听从政府，是政府环保工作的助手，谈不上对政府环保工作的监督制约。民间自发成立的环保类社会组织，在运行经费、人力保障、社会地位等方面面临许多问题和困难，对社会无良企业生态环境污染问题有心无力，对政府与企业生态问题进行制约的能力十分有限、监督效果差强人意。

3. 媒体生态责任的缺位

生态文明文明价值观的培育需要全社会参与。其中，社会媒体扮演了一个举足轻重的角色。社会媒体可以通过宣传教育和舆论监督来引导生态文明价值观的培育。然而，一段时期关于生态环保舆情反转和违背职业道德的虚假新闻层出不穷、乱象丛生，如媒体为了追求经济利益，收取企业的不法贿赂而对其破坏环境的行为视而不见等都是媒体生态责任缺位的表现。

当前，我国高度重视设立和运营好以生态文明理念的宣传报道为己任的媒体（包括传统媒体和新媒体），并努力将其打造成生态文明建设最直接的引导者、行动者、监督者。其中一类是以生态文明教育、科研为主的期刊、报纸和网站；另一类则是综合类媒体，通过设立专门的环保版面、环保专栏或专题节目等方式，将"培育生态文明价值观"打造为媒体发展的特色品牌。同时，对一些生态文明建设方面行之有效的管理制度和措施案例，新闻媒体也应当及时进行报道，对生态文明建设进行积极有效的引导。例如，我国有很多地方实行煤改气，雾霾天气开始明显减少；很多地方开始实行河长制、湖长制进行监督，使得污水得到有效治理；对于开始实行垃圾分类的城市，资源得到有效的利用等案例，媒体都应加大力度进行报道，营造一种人人崇尚生态文明的良好氛围。

另外，新闻媒体还应该注重培育社会大众的生态文明价值观，这也是从源头上做好生态文明建设的一个重要手段。随着新闻媒体对生态文明理念宣传的进行，也会有更多民众积极加入和响应，同时他们还会积极反馈一些自身遇到的生态环境问题，形成良性互动，进而打造媒体的品牌效应，更好地促进生态文明价值观培育工作的开展。而当发生生态环境破坏突发事件时，新闻媒体要作出最及时、最权威、最真实的报道，这既是媒体的生态责任，也可以有效避免发生环境危机时一些不法分子散布谣言，有利于维护社会的稳定与和谐，避免公众产生恐慌情绪。

（四）个人生态责任的缺位

世界的每一位公民，既有追求和享受美好生态环境的权利，同时也有履行应负生态责任的义务。而在现实生活中，正是由于生态责任的缺失造成了在公民生态文明价值观培育工作中仍出现许多不尽如人意的地方。因此，需要让每个公民都意识到自己既是环境的受益者，又是环境问题的制造者，而且，还理应成为环境问题的应对者与解决者。共同为创造良好的生活环境承担应有的责任。[①]

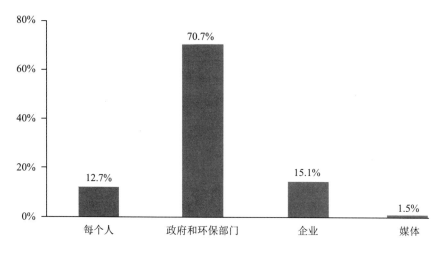

图 4.4　受访者认为"美丽中国"建设的责任主体

据《全国生态文明意识调查研究报告》（见图 4.4）显示，70% 以上的受访者认为对"美丽中国"建设过程中应负主要责任的主体是政府和环保部门，且远远高于其他责任主体，其次是企业，个人则排在第三

---

① 中共广东省委党校、广东行政学院编：《生态文明建设新理念与广东实践》，广州：广东人民出版社 2018 年版，第 191 页。

位，媒体的比重最小。通过数据显示，受访人群在面对生态文明建设领域时，对政府部门和环保部门的期待值非常高，具有明显的"政府依赖型"特点，造成了个人生态责任的缺位。①

二、培育客体的认识不够到位

思想认识是行动的先导，培育客体思想认识不到位，生态文明价值观培育的主体责任就落实不到位，其主要表现在以下几个方面：

（一）领导干部思想认识不够到位

首先是领导干部对环境保护的重视程度、压力传导和责任落实从上到下呈现逐级递减态势。其次是领导干部对于"经济发展和环境保护"这二者的关系认识不够到位，曾经一段时间一贯坚持"重经济发展、轻环境保护"的观念，一些领导干部甚至本身就没有树立生态文明价值观。因此在具体的实施过程中，具有强烈的畏难心理，出现一点困难，就用其他原因去掩盖；或者就是做表面文章，"说起来重要，做起来次要，忙起来不要"，这种形式主义作风使得生态文明价值观培育的主体责任难以落实。

（二）公民普遍缺乏生态领域的相关知识

公民进行生态保护实践的基础和前提是具备一定的生态知识素养，这也是公民生态文明价值观培育的先导。就目前来看，我国公民生态文明意识呈现"一高一低"状态——浅层环境（较低层次）意识很高，深层环境意识很低。具体来说，人们现在关注的是自己的切身需求，如垃圾分类、有机食品、白色污染等，认为社会首先要解决水污染、工业污染、大气污染等与自身相关的生态问题，更多的重视生活品质，如绿色

---

① 《全国生态文明意识调查研究报告》，载《中国环境报》，2014 年 3 月 24 日。

食品等。但是，这些出发点都是在于对自身生命健康的珍惜，这是最浅层的认识，是属于浅层环境（较低层次）意识。对于较长远的生态环境问题，诸如臭氧空洞、海洋污染、荒漠化、酸雨、冰川融化、野生动物锐减等宏观的生态恶化现象，人们的忧患意识程度并不高，关注度也较少，认为相对于自己的日常生活，这是遥不可及的事情。由此可见。我国公民的生态文明意识呈现出一种"一高一低"的二元结构。这种结构从本质上就说明了我国公民的生态意识还有待提高。

此外，我国公民在对环境保护等生态方面的知识整体水平较低，对知识的掌握仅停留在浅层次的阶段。尤其是在我国广大的农村地区以及偏远的山区，生态意识相对淡薄、对生态领域的关注度明显不如城镇地区。正由于这些多重因素的叠加，从而影响到整个生态文明社会推进的步伐。

掌握一定的生态知识是首要的和必要的，但是随之而来的具体现实行动也同等重要，现实情况中还存在着口号泛滥、缺乏行动的现象。近年来，随着生态环境的逐渐恶化，人们逐渐树立起环境保护的生态意识，努力学习关乎自身乃至人类未来命运的生态知识，也提出了很多宣传口号和环境保护措施，但还是存在一些问题，诸如对生态伦理知识认识不够，认识出现偏差，或者具有了较为清晰的认识后，也只是停留在脑海里，并没有转变为实际的行动，依然我行我素的浪费资源，做出破坏环境的行为。对此，公民应该牢固树立生态意识，培育公民生态文明价值观，紧随文明社会的前进步伐，将生态文明理念落实到公民生活的每一个具体行动当中去。

三、培育的内容尚不清晰统一

生态文明价值观由于缺少明确统一的政府部门来推动，培育的内容还没用完全清晰统一，亟须像社会主义核心价值观一样，以国家权威部门发布相关文件，提升社会关注度和执行力。因此，生态文明价值观的培育也需要政府的组织领导，为生态文明价值观奠定良好的社会氛围。

生态文明价值观培育的内容要对马克思主义生态观、中国传统文化中的生态思想、中国共产党生态文明思想等内容进行继承、借鉴和吸纳，不断吸收人类创造的优秀文化成果。生态文明价值观的培育内容，涉及培育的对象、目标、方法等，伴随着社会的发展，培育内容也会不断充实不断发展，是一个多元的价值观体系。总之，只有坚持一切从实际出发，不断充实和更新培育内容，生态文明价值观培育内容结构才能在更高的层次上得到优化，生态文明价值观培育的作用也才能得到进一步发挥，这就亟须我们厘定生态文明价值观培育的内容。

四、培育的实践载体相对单一

当前生态文明价值观培育的平台较缺乏、载体较单一，学校生态文明教育一般以环保教育课程、讲座为主，实践活动主要涉及一些志愿服务等。从课堂教学的角度来看，部分教师缺乏理论联系实际的能力，生态文明价值观培育活动形式还比较单一、载体不够丰富，缺少群众喜闻乐见的方式方法和搭建群众便于参与的载体平台，生态文明实践活动不同程度上存在着群众参与度不高的问题。

生态文明价值观培育的载体是联系生态文明价值观培育主体和客体之间的纽带和桥梁。生态文明价值观的培育需要广泛传播并使得公民认同和接受。生态文明价值观是价值观体系，需要通过文字、语言等基本载体进行表达，书籍、报刊、新媒体等又是其积淀和传播的现实载体。在当代中国，生态文明价值观培育的载体主要通过学校教育来实现，相对单一，还不足以支撑生态文明价值观培育的系统构架。生态文明价值观培育的载体是多种多样并不断发展变化的。其中，既有传统的语言文字载体，也有现代的活动、网络载体。通过传统教育语言文字载体进行的你说我听、你教我受的教育方式，重视培育主体的教，但忽视了培育客体的学习与思考，难以充分调动培育客体的积极性与主动性，更容易导致知行不合一的现象。

近年来，随着公众环保意识逐渐觉醒，对生态环境的关注度也越来越高。但公众对环保的参与形式大多为末端参与，即对环境污染和生态破坏发生之后的参与。这种末端参与的方式亟须转变，应提高公众环保参与度，积极引导公众自觉在环境污染和生态破坏发生之前来参与，做绿色环保的行动者。绿色环保活动需要公众的共同参与，但目前我国公民对绿色环保的参与力度相对较低。[1] 据 2016 年四川公众环保意识专项调查报告（见图 4.5）显示，28.5% 的受访者表示近一年来"没有"组织或参与过环境保护活动；各类主要环境保护活动中，"植树护林、领养树"和"清除公共场所垃圾或小广告的公益活动"的受访者参与率排前两位，分别为 37.7% 和 31.6%，其余活动的参与率都在 20% 以下（此题多选，相加不等于 100%）。城乡受访者参与环保活动的情况基本一致，各类环保活动的参与率均在 40% 以下。[2]

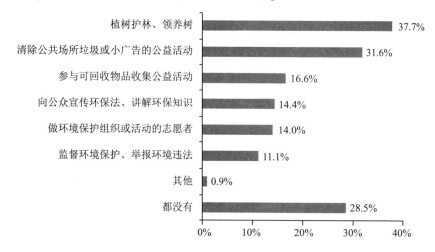

图 4.5　近一年来参与环境保护活动的情况

①　罗贤宇：《新时代青年绿色责任的伦理意蕴及其培育路径》，载《福建论坛（人文社会科学版）》，2018 年第 8 期。

②　四川省人民政府：《2016 年四川公众环保意识专项调查报告》，http://www.sc.gov.cn/10462/10771/10795/12401/2016/6/6/10383425.shtml，2018 - 01 - 03/2018 - 03 - 03（访问时间：2018 年 12 月 25 日）。

由此可以看出，虽然广大公众对于绿色环保活动的关注度不断提高，但很多时候表现的是"知行不一"，并没有自觉地把自己的生态意识转化为真正的行动，并且对于参与各类环保组织、履行自己的"环境权"显得不够积极主动①，从侧面反映了公民在生态文明价值观上知行不合一现象严重。目前，我国生态文明价值观培育中存在重理论、轻实践的做法，未能充分调动公民积极性和主动性。对公民主体性缺乏足够的认识，不同程度阻碍了公民个性的发展。② 生态文明价值观培育很大程度上要依靠生态文明教育，生态文明教育具有较强的实践性，不仅是关于自然生态环境的知识教育，也是让学生走入现实世界，将自然、社会、经济、政治、文化等各种因素联系起来综合考虑生态环境、资源等问题的全面教育。③

当前，在生态文明教育实际教学中也存在实践体验不够的现象。这不仅造成生态文明教育的理论与实践的割裂，也导致学生对生态文明内涵、理论知识的理解较为模糊。④ 缺少丰富的培育载体，造成了知行不合一现象严重，这也从侧面反映了当前我国公民生态文明价值观培育的实践载体相对单一。

五、培育的环境亟待优化改善

生态文明价值观的培育环境，是生态文明价值观培育体系的重要元素，是影响生态文明价值观培育活动效果及公民价值观与行为变化的外

---

① 罗贤宇：《新时代青年绿色责任的伦理意蕴及其培育路径》，载《福建论坛（人文社会科学版）》，2018 年第 8 期。

② 罗贤宇、俞白桦：《价值塑造：协同推进高校生态文明教育》，载《教育理论与实践》，2017 年第 15 期。

③ 罗贤宇、俞白桦：《绿色教育：高校生态文明建设的路径选择》，载《云南民族大学学报（哲学社会科学版）》，2017 年第 2 期。

④ 罗贤宇、俞白桦：《绿色教育：高校生态文明建设的路径选择》，载《云南民族大学学报（哲学社会科学版）》，2017 年第 2 期。

部空间。生态文明价值观培育环境内涵丰富，类型多样，它与生态文明价值观培育活动相互联系、相互作用，共同发生变化。

环境直接影响了生态文明价值观的培育，生态文明价值观培育则反作用于社会环境，推进环境发展变化。人的要素在环境与生态文明价值观的培育中至关重要，但同时又受制于自然环境和社会环境，二者相互作用、相互体现。环境与生态影响人的文明价值观的培育，人的要素又制约着生态文明的发展，在社会生态文明发展进程中，二者既有共性又有区别，交融渗透，相互依存，共同发展。

生态文明价值观培育的环境主要分为宏观环境与微观环境两大类。宏观环境是指对培育总体活动及其培育客体发生影响的因素，包括了经济、政治、文化以及大众传播环境；微观环境是指培育活动产生的、能够直接影响培育效果的具体因子，如学校、家庭、个人等。

（一）宏观环境

宏观环境主要包括经济环境、政治环境、文化环境和传播环境等方面。首先，在经济环境方面。改革开放40多年，我国经济迅猛发展、日新月异、成就瞩目，对人们的思想信仰、道德观念、价值理念也产生了广泛而深刻的影响。社会经济的发展、个人财富的增长满足了人们物质生活的需求、提升了人们的生活层次，也促使人们对生态环境有了更高的期待，这为生态文明价值观的培育奠定了良好的物质基础和思想基础。然而，市场经济的发展也给社会带来了发展不平衡、贫富不均、环境破坏等影响社会可持续发展的诸多问题，特别是面对出现突出的利益矛盾的时候，如面对经济发展与环境保护的两难选择时，企业往往会为了经济发展而选择破坏环境，这十分不利于生态文明价值观的培育。

其次，在政治环境方面。社会主义制度是我国社会的根本制度，人民当家做主，行使一切权力。这一根本制度保障了人民的主人翁地位，激发了强烈的社会责任感，也为社会生态文明价值观的培育提供了制度保障。当前，我国社会主义法制体系基本形成，但法治体系和治理能力还有待提高，尤其是生态环境保护治理能力还有很长的路要走，生态文明价值观的培育和教育任重道远。现实政治生态也不容乐观，法律面前人人平等、法律权威不容践踏的原则，在一些地方没有得到刚性体现。

再次，在文化环境方面。文化是个多元复杂的系统，包括制度、经济、道德、观念、习俗等文化，彼此之间相互渗透、相互影响，文化环境的复杂性由文化的多元性决定。文化环境在培育生态文明价值观时能发挥积极作用，也会发挥消极作用。如一些外来文化的影响，西方盛行的消费主义传播到中国，使得一些铺张浪费现象严重，不同程度地影响了人们树立正确的生态文明价值观。

最后，在大众传播环境方面。生态文明价值观培育主要通过各种大众媒介进行传播，如报纸、杂志、书籍、广播、电视、电影、网络等传播的各种信息所构成的环境。在当今社会，大众传播环境对培育客体的价值观影响越来越大，需要引起高度重视。在生态文明价值观培育活动中，即可将大众传播看作生态文明价值观培育的载体加以运用，也可以将其作为社会环境因素加以考虑。在新媒体时代，人人都是麦克风，个个都是主持人，各种媒体都是按照自己的思维方式传导信息，正面和负面齐发、主流和非主流并存、高雅和低俗交错，难免泥沙俱下、鱼目混珠、良莠难分。加之新媒体传播手段各异、难以监控，社会责任意识淡薄，导致新媒体传播乱象丛生、问题频发，如消费主义、浪费主义的传播，以及一些非主流生态价值观的传播，都不利于生态文明价值观的培育。

（二）微观环境

微观环境主要包括学校环境、家庭环境、社会组织环境等方面。首先，在学校环境方面。学校作为生态文明价值观培育的主要场所，虽然越来越重视将生态文明价值观培育付诸实践，但在具体实施中，有的学校仍存在重视校园环境建设，忽视创新生态文明价值观培育路径的现象，在学科建设、教学计划、大学生实践活动等方面，也不同程度存在各自为政的现象。

其次，在家庭环境方面。家庭环境对青少年生态文明价值观的形成，其影响是深刻的，其作用是不可替代的。家长的一言一行会对子女产生潜移默化的影响，而部分家长不注重环境保护和绿色消费，将会直接影响孩子生态文明价值观的培育，而且这种影响具有基始性、渗透性和长久性。

最后，在社会组织环境方面。在我国，各级各类社会组织都承担了一定的价值观培育职能，一方面，如果忽视了社会组织，就等于放弃了组织的部分社会责任，另一方面，缺乏有效价值观培育活动的组织，也难以说是一个健全的组织。当前，我国的各级各类组织都为我国经济社会发展做出了不同程度的贡献，但是对于价值观培育，特别是生态文明价值观培育方面营造的环境氛围并不浓厚，这是社会组织，特别是环保组织必须承担的职责与任务。因此，这就需要从社会组织的职能分工、管理方式、实践活动等方面入手，从社会组织环境方面优化改善生态文明价值观的培育。

综上，在生态文明价值观培育的宏观环境方面，主要是还未建立真正有效的环境氛围来培育公民的生态文明价值观，并改变人们的生产生活方式。走向生态文明新时代赋予了生态文明价值观培育的重大使命，但要完成这个使命，需要参与的主体不仅仅是学校。生态文明价值观培育是全程性、终身性和持续性的教育，单一的参与主体显然不能满足生态文明价值观的培育要求。在生态文明价值观培育中有着重要的"推动器"作用的社会、团体、媒体、相关企业等，在承担生态文明价值观培育的社会责任中，缺乏一定的主动性和自觉性。[①] 而从生态文明价值观培育的微观环境看也还未形成协同的环境氛围，对生态文明价值观培育的重视程度不够，使得生态文明价值观培育参与的各个层面还比较单

---

① 罗贤宇、俞白桦：《绿色教育：高校生态文明建设的路径选择》，载《云南民族大学学报（哲学社会科学版）》，2017 年第 2 期。

薄，从思想认识到实践都还亟待形成合力。

第三节　当代中国公民生态文明价值观
培育现实困境的原因剖析

一、尚未明确各主体责任的划分

从目前我国的实际情况来看，生态文明价值观培育的主体主要包括政府、学校、社会、家庭。生态文明价值观培育需要培育主体的协同推进才能顺利进行。但遗憾的是，当前我国尚未明确各主体责任的划分，责任的归属不清晰。迄今为止，政府、学校、社会、家庭等培育主体具体的培育内容、培育层面、培育范围都无从明确，主体责任也就无从落实，直接影响到生态文明价值观培育活动的实施。这也在一定程度上反映出"协同推进"的生态文明价值观培育体系没有得到很好的构建，参与培育的各主体的权与责尚未得到很好界定。因此，在实际运行中制约了生态文明价值观培育各主体合力的形成与发挥。

任何责任与权利都是相生相伴的。一方面，没有权利享受的责任是虚空的责任，乃无本之木、无源之水，没有相应权力的享受，自然不会承担相应的责任，若是被要求或被强加，也是会遭到义正词严的拒绝而化为乌有；另一方面，享受了权利却不愿承担相应的责任，必然丧失社会公德、家庭美德、个人私德。道之不行、德之缺位、信之不彰、责之不担，终究害人害己，难以持续。

（一）政府部门生态责任模糊不清

大多数发展中国家因为贫穷，其政府大都将经济建设和尽最大可能增加社会物质财富放在所有工作的首位。因此，常常会忽略甚至无视对生态环境的治理和保护，以致模糊了政府部门的生态责任，其直接后果就是政府生态责任的缺位甚至错位。在中国，现行的行政管理体制采取的是"自上而下"的集中式纵向管理体制，同时，这也就带来了一些现实问题——成效不够。如一些职能部门人员出于利益之需，利用职权之便，对污染企业给予"保护伞"，不能进行彻底地排查、监督与处罚，缺乏真正有效的监管。

另一方面，有效的监督体系还有待完善。在我国，各监督职能部门之间仍存在分工不明、职权混淆的状况。造成各职能部门在生态领域的职责上，缺乏必要的沟通与有效的衔接，因此，各职能部门面临相关的生态问题时，就无法履行好自己的职责，也就不能形成良好的监督。一旦出现重大的生态环境问题，就会涉及多个管理部门，这种"九龙治水"的管理现象会造成各部门相互推诿、互不担责的不良现象。导致在处理问题时，耗时太长，程序烦琐，最终无法有效的从根本上解决现实问题。

此外，环境问责制度并不完善，对生态责任的考核不明确。在我国，由于缺少具体法律法规的约束，使得具体可行的生态保护指标在政府部门的政绩考核指标体系中占据不够重要的地位。因此，导致生态责任并没有得到切实的贯彻和执行。

（二）企业生态责任含糊缺位

从目前来看，一些高能耗和高污染的企业是破坏环境的最大行为者，因此，学界和企业界也日益关注和讨论对生态环境的保护问题，以及自己所要承担的生态责任。中国，作为世界发展中国家的重要代表，也已然愈发重视生态文明建设，切实实施绿色经济发展的模式，已经成为全球生态文明建设的重要参与者、贡献者、引领者。为此，中央出台了一系列有利于绿色经济发展的相关的法律法规，以及采取了破坏生态环境的应对措施。但是，由于这些法律法规并不是完善的，较少涉及企业具体的生态责任划定与具体内容的规定，这就使得部分企业唯利是图，缺乏责任感，做出破坏环境的恶劣行为。加之一些企业的环保主要是通过行政的手段，而忽视市场机制的运用以及企业自觉的环境管理。从理论上来说，不同企业由于对生态与环保的职责认识不够清晰，往往会出现逃避责任的情况。应该针对不同企业划分不同的生态责任，否则就会出现企业之间生态责任认识不清晰的现象，导致企业生态责任的缺失。

（三）个人生态责任意识比较淡薄

从公民个人的角度来看，人们在平时生活中存在不合理的消费习惯，这也是引起环境污染的主要原因之一。当前社会，人们存在着超前消费和奢侈消费等消费观，而这些观念是一种浪费资源、消耗资源、造成资源短缺的主要诱因。因为人为的大量消耗和使用有限的自然资源，无视其对人类的环境价值、生态价值等附加价值，一味地进行索取，来达到自己的经济价值，因而逐渐造成现在的一种生态困境，缺乏可持续发展意识。如果一直以现在的消费模式进行下去，而不加以改进，那么那些有限的宝贵能源和资源将在不久的将来消耗殆尽，人类将会自食其果。

当前还存在一种严重现象，不少人认为保护环境、节约资源等的生态责任是政府和企业要做的，是他们的责任与义务，与自己毫无关系，认为自己只是一个个体，在这方面无足轻重。但是，殊不知从每个人的个体层面来看，每个人的消费观念以及消费模式所带来的后果并不亚于烟囱林立的高耗能企业以及化工农药的肆意超标排放等对环境的污染和破坏。原因就在于个人对生态知识的缺失以及生态观念的淡薄，如绿色消费的意义、提倡绿色消费的原因以及个人应当如何履行生态责任等问题尚未明确。毋庸置疑的是，不管是作为整个社会中的一员，还是作为整个生态系统中的一个组成要素，都应该树立起保护环境、节约资源的生态意识，将这个意识潜移默化的贯穿于自己平时的生活、消费习惯中，内化于心、外化于行，义不容辞的肩负起生态平衡的历史重任。

综上，政府、企业和个人生态责任都存在着不同程度缺位，生态责任分工不明确的现象比较严重，这影响了我国美丽中国建设中各主体生态文明价值观的培育，使得生态文明价值观培育与美丽中国目标不相适应。

二、生态文明教育缺乏系统性

当前，我国生态文明教育体制机制远远跟不上经济社会的发展，公民生态文明意识不高，普遍缺乏生态保护知识足以证实这一点。而生态文明教育，要求每一位公民所进行的一切活动建立在生态文明价值观的基础之上，把人与自然的和谐作为中心指导思想，并时刻谨记自己保护环境的责任。近年来，尤其是十八大以来党和国家进一步强调了生态文明建设的地位和作用，促使公民生态文明意识逐步提升，但从整体上看，与我国对公众生态意识的要求仍然还有一定的距离。[1]

据《全国生态文明意识调查研究报告》（见图4.6）显示，在专科或本科、硕士及以上两类高学历群体中，生态文明意识与行为脱节，知晓度高、践行度低，知行存在反差。他们的生态价值意识相对较高，但生态道德意识、资源节约意识明显不足等。生态文明意识只停留在表面，没有最终落实到行动上。公民还没有真正树立起生态文明所倡导的"人与自然和谐发展"的生态文明价值观，大多数情况下还受到了工业文明框架下的"以人为中心"的经济价值观的影响[2]，总体来说，公民生态文明意识亟待增强，与我国生态文明教育体系不够健全存在很大的关系。虽然我国高校较早设立了与生态文明教育有关的课程，但目前对

---

[1]　罗贤宇：《新时代青年绿色责任的伦理意蕴及其培育路径》，载《福建论坛（人文社会科学版）》，2018年第8期。

[2]　《全国生态文明意识调查研究报告》，载《中国环境报》，2014年3月24日。

生态文明教育的认识总体上还存在偏差，政府对生态文明教育的重视不够，学校对青少年生态文明教育的养成不够，全社会对生态文明教育的参与覆盖不够，从思想认识到实践都还亟待形成合力。[①] 因此，要加强公民的生态文明意识，培育生态文明价值观，必须尽快建立系统性的生态文明教育。

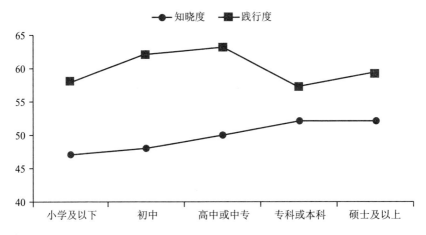

图 4.6　不同文化程度受访者的知晓度、践行度得分比较

从目前来看，我国生态文明教育还处于起步阶段，生态文明教育较滞后，宣传生态文明教育的良好氛围还未形成，公民整体的生态文明意识还比较落后，缺失相应的领导管理机制和协同推进的体制机制[②]，部分高等教育部门和地方政府部门尚未形成自觉开展生态文明宣传教育的氛围，存在"说起来很重要、工作起来却落实不到位"的现象，这严重制约了生态文明教育的发展。[③]

[①]　罗贤宇、俞白桦：《绿色教育：高校生态文明建设的路径选择》，载《云南民族大学学报（哲学社会科学版）》，2017 年第 2 期。

[②]　罗贤宇、俞白桦：《价值塑造：协同推进高校生态文明教育》，载《教育理论与实践》，2017 年第 15 期。

[③]　罗贤宇、俞白桦：《价值塑造：协同推进高校生态文明教育》，载《教育理论与实践》，2017 年第 15 期。

第一，政府应是最重要的推动者，政府是教育政策方针的制定者，虽然国家正大力推进生态文明建设，有关生态文明建设的规划、政策等已经颁布实施，但有关生态文明教育的规划还比较少，缺乏对生态文明教育人才的培训规划，缺乏对生态文明教育的指导和推动。① 从生态文明教育的顶层设计上，没有形成完整的制度体系，全社会生态文明教育要真正落到实处，还需要各级政府相关部门统一协调、有序推进。

第二，直接承担生态文明教育的学校，虽然越来越重视将生态文明教育付诸实践，但在具体实施中，有的学校仍存在重视校园环境建设，忽视创新学生生态文明教育途径的现象，在学科建设、教学计划、学生实践活动等方面，也不同程度存在各自为政的现象，从而导致学校生态文明教育的动力不足，成效难彰。②

第三，在生态文明教育中有着重要"推动器"作用的社会、团体、媒体、相关企业等，在承担生态文明教育的社会责任中，缺乏一定的主动性和自觉性。③ 目前我国生态文明教育在不少高校的环境专业课程以及一些公共课、选修课程当中虽有所体现，但尚未形成完整系统的生态文明教育体系，社会公众参与热情不高，同时缺乏长期稳定的经费、资金支持。④ 从美国和澳大利亚等发达国家环境教育的成功经验来看，都是在政府、学校和社会公众共同参与的基础，充分发挥他们各自的作用，来协同推进环境教育。⑤ 从以上可以看出目前对生态文明教育的认识总体上还存在偏差，对生态文明教育的重视程度不够，生态文明教育

---

① 罗贤宇、俞白桦：《价值塑造：协同推进高校生态文明教育》，载《教育理论与实践》，2017 年第 15 期。

② 罗贤宇、俞白桦：《价值塑造：协同推进高校生态文明教育》，载《教育理论与实践》，2017 年第 15 期。

③ 罗贤宇、俞白桦：《绿色教育：高校生态文明建设的路径选择》，载《云南民族大学学报（哲学社会科学版）》，2017 年第 2 期。

④ 罗贤宇、俞白桦：《价值塑造：协同推进高校生态文明教育》，载《教育理论与实践》，2017 年第 15 期。

⑤ 罗贤宇、俞白桦：《价值塑造：协同推进高校生态文明教育》，载《教育理论与实践》，2017 年第 15 期。

体系不健全，生态文明教育参与的主体还比较单一，从思想认识到实践都还亟待形成合力。[①]

三、传统生态价值观的冲击

传统生态价值观主要包括人类中心主义与各种非人类中心主义。传统生态价值观的形成和发展，一方面，有助于人们反思人与自然之间的关系；另一方面，它们都具有一定的局限性，这也一定程度上影响了生态文明价值观培育内容的界定与统一。

第一，人类中心主义主张把人类的利益放在第一位，不承认自然界和人一样是有价值的，而忽视了自然界的作用，而人与自然是一个有机的整体，脱离了自然界，人们将无所适从。这将不利于保持人与自然的和谐。这种人类绝对主体的价值理念，没有对客观的自然进行正确的认识与判断，而这种价值观如果影响到每一位公民，将不利于公民生态文明价值观的培育。

第二，自然界的"内在价值"是非人类中心主义生态伦理观的一个核心概念，对自然界内在价值的确认是非人类中心主义生态伦理观的价值论基础。非人类中心主义要离开人类生存利益的尺度，单纯用自然事实来解释保护生态自然的道德要求，并把自然生态事实本身说成是具有内在价值的。所谓内在价值是相对于工具价值而言的，这种价值是不依赖于人类评价者而"自在""自存"的。非人类中心主义的局限性，总体可以归结为生态伦理的本质问题，为了将自然纳入伦理范畴，非人类中心主义将自然界拥有内在价值和天赋权利作为自然道德的基础，从而陷入了困境。

从以上可以看出，传统生态价值观都具有一定的局限性，从而一定

---

① 罗贤宇：《新时代青年绿色责任的伦理意蕴及其培育路径》，载《福建论坛（人文社会科学版）》，2018 年第 8 期。

程度上影响了公民生态文明价值观的培育。

四、重理论、轻实践的培育方式

　　生态文明价值观培育具有较强的实践性，不仅仅是关于自然生态环境的知识教育，也是让大学生走入现实世界，将自然、社会、经济、政治、文化等各种因素联系起来综合考虑生态环境问题的全面教育。[①] 目前，在生态文明价值观教育实践教学中还存在实践体验不够的现象。一是在教学模式上，不少教师上课时照本宣科、形式单一，较多地以理论知识为框架，使学生获得的知识在很大程度上停留于书本上，缺乏有计划地引导学生参与生态文明实践行动教学，难以将绿色教育理论知识运用于社会实践中，也难以转化到个体的具体生态文明实践行动当中。二是在学生生态道德素质的培养上，没有将其与现实生活联系，没有将生态文明理念内化为学生自己内在的道德要求，也就难以外化为自觉的生态道德行为。第三，虽然有些学校进行光盘行动、清除白色垃圾、环保志愿者等活动，但学生中的浪费、攀比，不讲低碳节约、只图眼前舒适等现象还比较普遍，提倡绿色、低碳、健康的生活方式需要学生身体力行地反复践行，才能养成良好的自觉的行为习惯。[②] 因此，在教学方法上，创设情景不足，让学生自己设计的机会太少，体验式教学缺位等，成为造成学生生态文明价值观教育出现"知行不一"的主要原因。[③]

　　目前，我国生态文明价值观教育中存在重理论、轻实践的做法，未能充分调动学生积极性和主动性。对学生主体性缺乏足够的认识，不同程度阻碍了学生个性的发展。由于受我国基本国情和传统教学模式的影

[①] 罗贤宇、俞白桦：《绿色教育：高校生态文明建设的路径选择》，载《云南民族大学学报（哲学社会科学版）》，2017 年第 2 期。

[②] 罗贤宇、俞白桦：《绿色教育：高校生态文明建设的路径选择》，载《云南民族大学学报（哲学社会科学版）》，2017 年第 2 期。

[③] 罗贤宇、俞白桦：《绿色教育：高校生态文明建设的路径选择》，载《云南民族大学学报（哲学社会科学版）》，2017 年第 2 期。

响，在生态文明教育的形式上不少教师在上课时照本宣科、"一言堂"现象严重，形式单一，较多地以理论知识为框架，使学生获得的生态文明理论知识在很大程度上停留于书本上。[①] 只注重教师讲、学生听的灌输式的课堂教学、理论宣传式的教育，没有形成生态文明教育在学科知识上的教学渗透，缺乏有计划地引导学生参与紧贴生态环境现状的生态文明实践行动教学，泯灭了生态文明教育的特性，割裂了教育教学内容与客观世界的联系。难以调动当代学生参与生态文明建设的热情，难以将生态文明理论知识运用于社会实践中，或难以转化到个体的具体生态文明实践行动当中。在教学方法上，创设情景不足，教师下放部分权力让学生自己设计的机会太少。这样，不仅造成生态文明教育的理论与实践的割裂，也导致学生对生态文明内涵、理论知识的理解较为模糊。在生态道德素质的培养上，重形式、轻精神，没有将其与现实生活联系，没有将生态文明意识内化为学生自己内在的道德要求。[②]

五、培育的体制机制不够健全

（一）生态法治观念的匮乏

新时代公民生态文明价值观的培育离不开法律的保障。目前，我国已经新修订了《环境保护法》，但我国关于环境和资源方面的法律中，在平衡经济发展和环保节能方面的法律也有很多不足，需要加以完善。首先，公民对于有关保护生态环境的法律法规不够熟悉。生态法治观念淡薄，对于环保法律知识的了解以及法律法规内容的掌握还不够深入，如对我国新修订的《环境保护法》、"气十条""水十条"和"土十条"

---

① 罗贤宇、俞白桦：《价值塑造：协同推进高校生态文明教育》，载《教育理论与实践》，2017 年第 15 期。
② 罗贤宇、俞白桦：《价值塑造：协同推进高校生态文明教育》，载《教育理论与实践》，2017 年第 15 期。

等法律内容知之甚少。其次，公民群体的环保维权意识不高。有些公民甚至在自身生态权益受到侵害的情况下，不知道如何去维权甚至放任不理。据《全国生态文明意识调查研究报告》（见图4.7）显示，受访者环境问题举报电话的准确率为45.5%，举报污染环境行为的比例仅为49.7%。从职业来看，环保工作者及公务员的环境法治意识相对较高。[1]可以看出，部分公民还在观念上存有一定的偏差，他们认为对于环境污染问题，不需要他们去处理，这些都是公务员或者环保工作者才应该去处理的，这使得他们对环保法律的理解产生了偏差。我国新修订的《环境保护法》规定"一切单位和个人都有保护环境的义务""公民应当增强环境保护意识，采取低碳、节俭的生活方式，自觉履行环境保护义务"。因此，公民应认识到环境保护、曝光环境污染问题等，既是个人选择，也是法律义务，使公民严格执行法律规定的保护环境的权利和义务，承担起自己的生态责任。

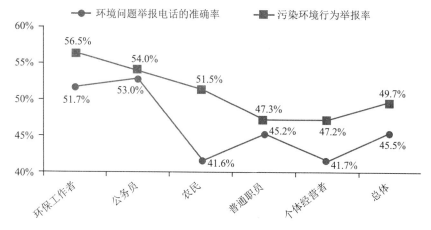

图4.7　不同职业受访者的环境法治意识比较

（二）环境法治体系不完善

党的十八大以来，中央明确提出"五位一体"总体布局，大力推进

---

[1]　《全国生态文明意识调查研究报告》，载《中国环境报》，2014年3月24日。

生态文明建设，"绿水青山就是金山银山"理念深入人心，生态环境持续改善，美丽中国新画卷正徐徐展开，依法治国，推动环境法治建设势在必行。但在不少地方生态破坏、环境污染、资源浪费的现象依然存在，环境法治体系亟待健全，治理能力亟待提高，具体表现为法治理念不普及、制度立法不健全、执法部门不严格、司法监督不完善等问题。

一是法治理念不普及。当前我国公民生态环境保护方面的学习教育缺乏、法治意识淡薄、个体素养不高、日常行为失范等，在很大层面上影响了环境法治的建设。首先，从国家层面来看，我国相关部门虽然对国外许多国家在环境教育立法方面进行了大量调研，一些地方也率先制定了专门的环境教育条例，但就全国来说，系统完整的环境教育立法还亟待出台。① 国外发达国家在大力推进环境教育方面积累了较为成熟的经验和做法，其中一个成功经验就是通过设立严格的环境教育立法和执法规范。如美国从1970年开始就制定了《环境教育法》《环境教育发展计划》《环境教育和培训计划》等一系列环境教育法规和发展计划，为环境教育的有效实施提供了依据与保障。② 其次，从学校层面来看，目前我国高校生态文明教育主要以各类生态、环境保护专业教育为主，如环境工程、环境科学、生态学等，大部分高校还没有设立专门的生态文明教育课程和教学制度，缺乏在制度上保障生态文明价值观的培育。在教学方式上主要采用集中灌输的方式，而缺乏对学科课程的渗透，缺少跨学科融合，特别是受到学生自身的生态文明理论知识与能力的制约。③ 在生态文明价值观培育的教学制度、教学内容、教学手段、学科分类和实践环节等方面，与其他国家相比仍存在着较大的差距，学校层面的生

---

① 罗贤宇、俞白桦：《价值塑造：协同推进高校生态文明教育》，载《教育理论与实践》，2017年第15期。

② 罗贤宇、俞白桦：《价值塑造：协同推进高校生态文明教育》，载《教育理论与实践》，2017年第15期。

③ 罗贤宇、俞白桦：《价值塑造：协同推进高校生态文明教育》，载《教育理论与实践》，2017年第15期。

态文明教育的知识传授和能力培养远没有跟上人类社会对人才综合素质的培养时代要求。①

二是制度立法不健全。党中央高度重视生态文明建设，将其提升到"五位一体"战略发展层面，写入党章，写入《宪法》，奠定了生态文明建设的法治基础。但从具体层面看，《宪法》缺乏对生态文明建设的系统阐述，《环境保护法》尚未与时俱进地针对美丽中国建设面临的新问题做出应有的调整与修订，影响了环境法治体系的建设进程。

三是执法部门不严格。在环境法治建设中，有法必依、执法必严十分重要，直接影响社会公众对政府的公信力的认可，进而影响社会公众对环境保护的支持力度。但遗憾的是，部分地方执法部门在生态环境执法方面政出多门、协调不畅，有法不依、执法不力，以情代法以及监管缺失等问题，这些不良现象严重影响到环境保护的法治权威，迟滞了生态文明发展的脚步。

四是司法监督不完善。在司法实践中，社会公益诉讼的原告资格范围较窄，且公益公诉人在诉讼过程中的司法权力得不到充分保障，许多公益诉讼容易受到来自各方的干扰阻滞，不少案件因此被迫中断审理。②

生态文明价值观为社会公众所接受成为被尊崇的一个价值观，还有很长的路需要走。在这个漫长的行程中，国家政府、社会各界和公民个人都需要共同参与、协同推进。在推进依法治国、加强法治建设的背景下，我国生态文明价值观的培育迫切需要出台相应的法律法规，充分发挥法律法规在生态文明建设中的强制力和引导力，使我国生态文明价值观培育走上法制轨道，推进其实施和发展。

---

① 罗贤宇、俞白桦：《价值塑造：协同推进高校生态文明教育》，载《教育理论与实践》，2017 年第 15 期。
② 向荣淑：《完善生态法治推动绿色发展》，载《人民论坛》，2019 年第 7 期。

第五章　当代中国公民生态文明价值观培育的体系构建

生态文明价值观研究，有着确切的价值目标与价值宗旨。它源于对当今社会环境问题的思考，旨在为生态文明建设提供正确价值观的理论支撑。培育公民生态文明价值观，首先要树立正确的理念和坚持基本的原则，并在确定具体的目标和掌握培育的主要方法的基础上，来确立当代中国公民生态文明价值培育的构建体系。

第一节　生态文明价值观培育的重要理念

一、和谐：生态文明价值观培育的核心理念

人与自然的和谐是生态文明价值观培育中最核心的理念。人与自然的关系存在着依存、对立与提升的状况，目标是和解与和谐相处。人与自然的关系经历了人对自然的服从和顺应、人对自然的征服和改造、人对自然的反省与敬畏三个阶段。在当前，不断走向人与自然和谐共处的阶段，面对着全球性生态环境问题日益严重的现状，人与自然的关系逐步进入和谐共处的第三阶段——人对自然的反省与敬畏。

德国哲学家汉斯·萨克斯曾用"从敌人到榜样，从榜样到对象，从对象到伙伴"来阐释人与自然关系发展历程。他认为，人类关于自然概念的发展可以划分为四个阶段：第一阶段是从人类诞生的几百万年前到农业文明开始的大约一万年前，为原始人的采集—狩猎时期，原始人为了生存，必须与自然进行殊死搏斗。这一时期的自然是人类可怕的敌人。第二阶段，从大约一万年前的新石器时代开始，人类发明了农业，通过效仿自然的智慧，同自然的关系更密切了，自然从人的对立面和敌人变成人的榜样。"从敌人到榜样"这一角色的转变，深刻反映出原始时期的人与自然关系的巧妙演变过程。第三阶段，在工业时代，建造了一个崭新的技术圈。自然不再是榜样，而是研究的对象。这一时期是大机器的时代，人类将自然作为开发和利用的对象并试图引导和控制自然，以便为自己谋求更大的生存和发展空间，在这里显现的是工业时代的人与自然的关系。第四阶段，从 20 世纪六七十年代开始，人类逐渐觉察到自己的发展与自然之间具有密切而深刻的生态联系，而不是彼此独立存在的。"对于那些从生态学角度来观察事物关联的人来说，自然已成为伙伴。"[①] 从第三阶段的"对象关系"演变为第四阶段的"伙伴关系"，有力揭示了从"对自然的占有与控制"转变为"对自然的和谐共生以及保护自然"，这也深刻反映出目前以及将来人与自然关系的基本模式。

首先，自然界本身具有一定的承载能力，人类只要在这个承载限度内活动，就不会破坏其生态系统的稳定性。再者，人类实践活动除根据人的尺度来满足人的需要之外，还可以依据自然的尺度来达到内在目的。人与自然处于协同关系的生存状态，双方既有自身存在的内在价值，又有互为存在的外在价值；既有自身存在的权利，又表现了对他物存在的义务。

生态文明作为人类文明发展进程中的一种文明形态，它要继承和保

---

① ［德］汉斯·萨克塞：《生态哲学》，文韬、佩云译，北京：东方出版社 1991 年版，第 33 页。

留工业文明的优秀成果，克服工业文明的缺失和不足，也必将在超越既往各种文明形态的基础之上来建构自身的价值体系，它是以和谐为核心，首要是人类与自然的和谐为核心理念的文明形态。[1] 在很长的时间里，人们在面对自然界时，只有竞争和冲突，面对人类的现实社会时，则视为人类内部阶级斗争、争取利益的产物。事实上，反观二者，在其不断更迭过程中，和谐、协调所用的时间、空间远超出人们自认为的冲突与竞争。复合体的发展演变结果与保持其发展进步、螺旋上升、长盛不衰的主因就是和谐协调。自然生态系统、社会生态系统和人体生态系统都是如此。

纵观人类社会发展历程，人们是渴望和追求和谐的，并为了实现这一理想为之奋斗。在人类社会发展的进程，有矛盾、有斗争，而斗争的结果总是以先进取代落后，以高级社会取代低级社会，最终以和谐协调占主导。纵观历史，从原始社会到奴隶社会、封建社会、资本主义社会、社会主义社会，无不如此，人类社会的矛盾与斗争，最终要走向和谐协调。常言道，"太平盛世"，即唯有太平，方享盛世。社会历史的发展也一再证明，社会系统如若焕发生机、永葆青春、持续繁荣，呈现一个新的、更高的境界，唯有和谐协调。横看世界，虽然矛盾纷繁，有的甚至激化成战争，个别世界超级大国想独霸世界，但其主流仍然是和平与发展，并将成为不可逆转的历史潮流。

2019 年 4 月，习近平总书记在北京世界园艺博览会开幕式上指出："我们应该追求人与自然和谐。"[2] 人与自然之间的关系，一方面涉及人类生存的基本问题，另一方面，它也是构建和谐社会的一个前提条件。古往今来，都存在着这样的观点：将人与自然相对立。尤其是近代社会，随着科技的发展，人类改造自然界的能力不断提高，人们往往开始

---

① 江泽慧：《生态文明时代的主流文化》，北京：人民出版社 2013 年版，第 118 页。
② 《习近平出席二〇一九年中国北京世界园艺博览会开幕式并发表重要讲话》，载《人民日报》，2019 年 4 月 29 日。

宣称要征服、改造和战胜它。基于此类观点，恩格斯认为，人是自然的产物和组成部分，而并非来源于自然外部。他所阐述的人与自然的一体性，就是指作为自然的产物——人，其本身就具有这样的属性：归属于、依存于自然。如果一味强调人定胜天，我们对大自然的改造就像是物理学中的作用力与反作用力一样也会回报在我们的身上。因此，保持人与自然和谐共生的关系，并根据社会发展积极协调两者关系，是新时代提出的严峻课题。所谓人与自然的和谐是指反对将人与自然的关系割裂开来，片面对立。将人与自然和谐共生、和谐发展作为人类追求的最高与最终目标，这是实现人类本质力量的重要标志的价值观念。将和谐作为生态文明价值观培育的核心理念，就是要通过开展丰富多彩的生态文明价值观培育活动，促使人们树立生态文明价值观，并处理好人与自然的关系。

二、公正：生态文明价值观培育的基本理念

正义原则在自然和生态环境问题上的延伸体现在生态文明价值观上，尤其是如何处理人与自然之间的关系上，展现就是公平、公正的基本理念。

传统价值观对公正的关注和运用仅仅局限于人—人和人—社会两个层面，没有将其视界扩及人—自然这一境域。因而，生态文明价值观就是要冲破传统价值观的枷锁，将视角投放于一个动态三维上——"人—自然—社会"；就是要以"公正"这一理念为基石，去协调处理好各相关利益主体在生态问题上所涉及的利益关系，这其中就包括人与人关系层面的人际公正、国与国关系层面的国际公正和人与物关系层面的种际公正等。生态文明价值观的内容包括，人是自然的产物，是在自然环境中不断进化的，是自然的有机组成部分。在自然界的发展过程中，万事万物都有属于它的基本价值以及潜在的内在价值，因此，人类在其不断演进和发展过程中，切忌拥有妄自尊大的"人类中心主义"思想，以及

不可一世，凌驾于自然之上，肆意掠夺、剥削、滥用、榨取自然。而是应该尊重自然、顺应自然、保护自然，发挥人类的主观能动性，适当的从自然中汲取有利因素来发展人类自己。

和谐协调是生态文明价值观的本质特征，公平公正是通向其本质特征的关键性环节。因此，生态文明价值观培育要强调公平公正，把它作为一项重要的基本原则加以践行。人民群众是历史的创造者，因而推动社会历史发展的最终的决定性力量也是现实的人。每个人都有权利和义务利用与改造自然，也有责任去爱护与保护自然。这种权利与义务普适于各种民族、各个阶级、各个国家。当然，为实现生态文明价值观的培育，就需要有法律的保障。因此，在生态文明价值观的培育过程中，首先就需要完善相关制度体系，革新旧观念，塑造新观念，在建立公正公平的法律法规的过程中，使生态文明价值观让每个人都耳濡目染，逐渐学习并且接受，为培育生态文明价值观打下坚实的制度基础。

习近平总书记指出："良好生态环境是最公平的公共产品，是最普惠的民生福祉。"[1] 生态文明价值观培育如不与社会公正联系起来，是不可能得到公民的认可的。中国的环境问题从某种意义上说是整个世界的缩影，中国这面镜子折射出来的就是经济全球化的自画像。世界的环境状况影响着中国，中国的环境同样会给世界带来影响。正如中国工程院院士李文华认为："生态文明的基本价值理念是生态平等，这种平等包括人与自然的平等，当代人与后代人的平等，国家与国家、民族与民族、地区与地区、行业与行业之间的平等。"[2]

三、绿色：生态文明价值观培育的本质理念

绿色是生命的标志，是和谐的标志，关爱和促进人的全面发展是生

---

① 中共中央文献研究室编：《习近平关于社会主义生态文明建设论述摘编》，北京：中央文献出版社 2017 年版，第 4 页。

② 曹志娟：《生态文明建设的核心是统筹人与自然的和谐发展——访中国工程院院士李文华》，载《中国绿色时报》，2007 年 11 月 30 日。

态文明价值观培育的本质，其人文价值重在符合时代要求，体现时代精神及人与时代相融合，强调人与自然、社会相和谐的人文价值。① 因此，绿色是生态文明价值观培育的本质理念，生态文明价值观培育要求人们树立绿色生产观、绿色消费观、绿色价值观等，而这要求人们必须通过开展绿色教育来培育公民生态文明价值观。

　　绿色教育之所以为绿色，是因为其根本目的是为了培养身心健康且能与自然、社会、他人和谐相处的生态公民。绿色教育可以帮助人们改变自己的思维，改变自己的习惯和行为方式，这样就可以为人们提供一种新的标准，用生态文明价值观的观点来培养教师，来教育和影响公民，让公民以更有效的方式来适应生态文明的发展，进一步推动其参与到生态文明建设中来。② 基于此，学校作为社会文化高地和科技高地，是绿色教育工作的重要一环，担负着传播生态文明的知识技术、塑造生态文明价值观的重要职能。具体体现在以下三个方面：

　　第一，绿色教育是一种"价值"的教育。绿色教育与生态文明建设之间之所以互涉关系不仅仅是因为两者同样深植其根于中国特色社会主义建设当中，而且在于两者有着一致的目标追求，即塑造当代公民生态文明价值观，促进他们的自由全面发展。因此，人们要坚持绿色教育与生态文明建设的有机结合、有机统一，着力凝聚打造绿色教育与生态文明建设的耦合生态，构建社会主义和谐社会。③

　　第二，绿色教育是一种"多元"的教育。开展绿色教育，推进我国的生态文明建设，通过规范学校生态文明建设目标评价考核工作，营造学生多元化发展的良好氛围，建立健全学生全面发展的多元化评价考核

---

① 罗贤宇、俞白桦：《绿色教育：高校生态文明建设的路径选择》，载《云南民族大学学报（哲学社会科学版）》，2017 年第 2 期。

② 罗贤宇、俞白桦：《绿色教育：高校生态文明建设的路径选择》，载《云南民族大学学报（哲学社会科学版）》，2017 年第 2 期。

③ 罗贤宇、俞白桦：《绿色教育：高校生态文明建设的路径选择》，载《云南民族大学学报（哲学社会科学版）》，2017 年第 2 期。

体系，鼓励学生的个性化发展，以着眼于未来的视野看待每一个学生，通过理论与实践方式促进学生的全面发展，实现绿色教育的多元化。绿色教育还要求我们的教育必须寓教于乐、寓教于科学、寓教于未来的发展，培养适应社会发展的人。①

第三，绿色教育是一种"责任"的教育。学生作为未来生态文明建设的主力军、倡导者、实践者，其生产方式和价值取向决定着人类发展的方向，学校绿色责任基于生态文明价值观的建立。学校绿色责任的建设，得益于对其背后哲学基础的思考，人类自中世纪以来，从"祛魅"到"自大"，再到自然的报复，期间经历了一个从向往自由到理性获取自由的过程。② 因此，重新审视人与自然的关系，如何纠偏大学生一些错误的价值理念，以及如何使当代公民树立生态文明价值观念，是我国绿色教育亟待解决的问题。③

四、可持续性：生态文明价值观培育的实践理念

可持续发展观认为社会的发展是一种人与自然、个体与整体、今天和未来的和谐永续发展。走可持续发展道路——实现社会经济的和谐永续发展，从根本上来说就是为了保证人类具有长远和持续发展的能力。而当前，可持续发展范式依然是人类所能探索到的最好的发展范式，它在理论上和实践上是有益的。④ 因此，生态文明价值价值观培育应把可持续性作为实践理念。

当今世界出现的海平面上升、气候变化、洪涝灾害等现象都会对人

---

① 罗贤宇、俞白桦：《绿色教育：高校生态文明建设的路径选择》，载《云南民族大学学报（哲学社会科学版）》，2017 年第 2 期。

② 罗贤宇、俞白桦：《绿色教育：高校生态文明建设的路径选择》，载《云南民族大学学报（哲学社会科学版）》，2017 年第 2 期。

③ 罗贤宇、俞白桦：《绿色教育：高校生态文明建设的路径选择》，载《云南民族大学学报（哲学社会科学版）》，2017 年第 2 期。

④ 曾建平：《寻归绿色：环境道德教育》，北京：人民出版社 2004 年版，第 207 页。

们的生活环境造成负面影响。此外，自然环境受到的冲击也必将影响许多国家的粮食安全和生态安全等。有专家表示，约半数发展中国家没有尽最大努力来实现一个更具灵活性和可持续性的环境，以使其能够缓解或克服气候变化的影响。这显然是让人们担忧的现象，如果人类对于自然环境的破坏再不遏制，自然灾害的频发也必将逐步导致人类的生存环境恶化。"可持续性"不是一个空洞的口号，而是当今世界必须遵循的实践理念。否则，大自然必将报复人类。①

众所皆知，人类的演进发展不是孤立存在的，而是在山水林田湖草这样的自然环境中不断汲取养分进而持续生存发展的。可持续发展作为一个宏大的维度，洞悉人与人、人与社会、人与自然之间的关系，尤其是其蕴藏的生态文明思想以及它们之间的道德关系，具有鲜明的时代性。有道德、有修养、有内涵、有尊重，人类社会才能拥有高尚的情感，才能走向生态文明，才能将保护自然的责任与义务内化于心，外化于行，在潜移默化中，使人类认识到良好的生态环境是最普惠的民生福祉，自觉树立起生态文明价值观，这既是对人类自身的要求，也是人类价值观进化和演变的必然。

第二节　生态文明价值观培育的基本原则

一、坚持以人为本

生态文明的根本价值在于追求人类更美好的生活环境，在于追求人类的全面而自由发展，而不受到生态环境的制约，这一价值追求才是生

---

① John S. Dryzek, *The Politics of the Earth：Environmental Discourses*, Oxford：Oxford University Press, 2005.

态文明的真谛。因此，从培育主体的角度看，生态文明价值观培育必须遵循以人为本的原则，即要把人作为主体和目的，关照他们的需要，尊重、理解、发展他们；要将人视为培育活动的主体，充分尊重其主体地位，采取平等互动的方式。马克思、恩格斯指出："全部人类历史的第一个前提无疑是有生命的个人的存在。"① 公民生态文明价值观培育是为了帮助公民树立生态文明价值观，是自身目的性、主体性的集中体现，是促进公民全面发展，实现自身发展的需要。

生态文明价值观属于人认定事物、判定是非的一种思维和取向，并不是仅仅靠单向灌输和强制压服就能够为人们所理解和接受。生态文明价值观培育的对象是人，也靠人去实践，应当注重对人精神上的关怀和道德品质的培养，而非纯理论知识的获取。生态文明价值观培育过程是把生态文明的思想观念、价值取向、道德规范传递给公民，经过公民的理解、接受和认可，最终促使公民生态文明价值观形成和发展的过程，是主体意识自觉活动的一个过程。这一过程必须尊重公民作为独立个体的主体性，重视培育者与被培育者之间的平等对话，只有实现良好的双向互动，才能使公民从内心认同生态文明价值观。

第一，生态文明价值观体现了以人为本。保护人类赖以生存的环境是公民生态文明价值观培育的目的所在，以人为本是生态文明价值观培育的主体价值取向。马克思主义认为，人民是创造世界历史的动力。生态文明价值观，不仅要求遵循"发展是硬道理"的马克思主义生产力逻辑，而且强调了发展成果由人民评价的社会主义价值逻辑。在此基础上，当代中国形成了系统的以人为本、以民为中心的发展思想，这种思想的培育和发展，不仅体现在生态文明建设方面，还体现在社会发展的方方面面。

第二，以人为本的生态文明价值观，是全心全意为人民服务的党的

---

① 《马克思恩格斯选集》第 1 卷，北京：人民出版社 2012 年版，第 146 页。

宗旨的创造性运用和发展。全心全意为人民服务是中国共产党的宗旨，改革开放以来，我国经济社会发展取得历史性成就，为国人所骄傲，为世人所瞩目。同时，我们也必须面对部分地方的环境污染呈高发态势的严峻现实，成为"民生之患、民心之痛"，人民群众迫切要求改善生态环境。因此，按照党的宗旨，必须顺应民心，切实解决生态环境问题。秉持为人民服务的宗旨精神，就是要把青山绿水留给人民，让人民群众在绿水青山中幸福地生产和生活。[①]

以人为本，既是科学发展观的核心，又是与我党的根本宗旨与根本利益一脉相承、与时俱进的。我们所讲的以人为本，是以广大人民群众为本；这里所说的人，不是抽象的人，而是现实的人；不是某个人、某些人，而是广大人民。"人民不是抽象的符号，而是一个一个具体的人；有血有肉，有情感，有爱恨，有梦想，也有内心的冲突和挣扎。"[②] 坚持以人为本，就是一切为了人，一切依靠人；就是要尊重人、理解人、关心人，把不断满足人的美好生活需要、促进人的全面而自由发展，作为根本出发点。因此，以人为本既是发展目的，又是发展动力。这就要求在开展公民生态文明价值观培育活动当中坚持以人为本的原则。

二、坚持人与自然和谐相处

人与自然的关系，最直接和最根本的是价值观问题：如何看待自然。生态文明价值观注重的是坚持人与自然和谐共处，以人与自然是平等的关系来尊重自然，人不是自然的主宰，不应该去改造和征服自然，人与自然是平等的、和谐的；对待自然，人需要理性、公正。强调人是自然界的一员，在思想观念上，人要尊重自然，公平对待自然；在行为

---

① 任铃、张云飞：《改革开放 40 年的中国生态文明建设》，北京：中共党史出版社 2018 年版，第 157 页。

② 《习近平谈治国理政》第 2 卷，北京：外文出版社 2017 年版，第 317 页。

准则上，人的一切活动要充分尊重自然规律，寻求人与自然的协调发展。

生态环境是建设美丽中国的基石。美丽中国美不美，关键要看山和水。中华民族历经磨难而不衰，中华文明绵延五千多年生生不息，与我们祖先在生存繁衍中积累的善待自然的生态文化和生态智慧密切相关，《易经》《周礼》《老子》《孟子》《荀子》等典籍都包含着丰富的生态文化和生态智慧。其中，最具代表性的是"天人合一"的智慧和思想，崇尚人与自然和谐共生，人既不是自然的奴隶，也不是自然的主宰，既要利用自然，又要保护自然，实现天、地、人"三才"有机统一。西方人对待自然，更多是秉持工具理性，而我们则是把价值理性与工具理性有机结合起来，中华民族向来尊重自然和善待自然。党的十九大和习近平生态文明思想强调，坚持人与自然和谐共生，就是要继承和发展我们传统优秀文化的生态思想，坚持人是自然的一部分，科学利用自然，建设美丽中国。因此，公民生态文明价值观培育必须坚持人与自然和谐相处的原则。

三、坚持知行合一

知行统一，源于毛泽东在《实践论》中提出的"知和行的具体的历史的统一。"所谓知，是指人的知识水平和思想观念；所谓行，是指人的行为。知行统一就是要保持言行一致、表里如一。生态文明价值观培育的知行统一，就是要用生态文明价值观理论来指导实践活动。生态文明价值观培育的知行统一原则，体现了辩证唯物主义的认识论。辩证唯物主义的认识论认为，人的道德最终要在社会实践活动中形成，但先进的理论体系无法自发形成，需要经过一系列自觉学习、教育、实践活动才能孕育而成。知行统一，知是前提，重在行动。实现知行统一是生态文明价值观培育的基本要求和坚持的根本原则。

从培育规律的角度看，生态文明价值观必须遵循知行合一的原则，即要注重实践层面的培育，帮助公民实现知行合一，以达到培育的目标。社会生活在本质上是实践的，所有的理论源于实践，最终也要回归到实践之中。正如毛泽所指出："感觉只解决现象问题，理论才解决本质问题。这些问题的解决，一点也不能离开实践。"①

由价值观培育规律可知，知行合一的顺序是"认知—行为"，这是建立在培育客体的思想高度觉悟以及对生态文明价值观所提倡的规范认可和道德观念的基础之上。然而，并非所有人都能在正面教育下自觉地践行生态文明价值观，即便他们获得系统价值观知识，也难免会有相当一部分人不能够理解，而只是记住了生态文明价值观念，难以产生认同感，更不用说内化为自己的行为习惯。因此，生态文明价值观的培育应面向实践、结合实践，避免陷入知识化、抽象化和概念化的怪圈，才能促进公民对生态文明价值观的认知和行为达成一致。②

践行生态文明价值观的主体是人，生态文明价值观是从建立新的社会价值观与新的生态道德体系出发，主张认识自然的成员，人与自然之间、群落与群落之间关系应相互尊重，互相平等。这种平等关系还表现在当代人与后代人、国家与国家、社团与社团之间的关系。这种新的生态理念通过树立生态意识，使人产生某种动力，起到激发主体生态实践行为的作用，为和谐发展提供价值动力。③

知行合一，就是不断进行实践，用实践来检验所学的知识。正如宋代朱熹所言："为学之实，固在践履。苟徒知而不行，诚与不学无异。""空谈误国，实干兴邦"，要把学到的理论知识真正用以指导工作，不但要用理论指导工作实践，而且要用理论指导生活实践。任何理念如果只流于口头，再美好也是虚幻的，只有切实、有效地运用到实践中，才有

---

① 《毛泽东选集》第 1 卷，北京：人民出版社 2009 年版，第 286 页。
② 江传月、徐丽葵、江传英：《大学生友善价值观培育研究》，广州：广东人民出版社 2017 年版，第 171 页。
③ 江泽慧：《生态文明时代的主流文化》，北京：人民出版社 2013 年版，第 246 页。

可能解决实际问题，推动实践发展。在生态文明价值观的引领下，培育公民的生态意识，参与生态实践，达到知行合一才是最终的目标。

知行合一，是促进人与自然和谐共生，推进公民生态文明价值观培育的有效方式。"知"是传承和培育生态文化，倡导生态伦理和生态道德，倡导绿色文明的生活方式；"行"是坚守绿色底线，不碰生态红线，践行绿色发展。知行合一，"知"是前提。推进新时代生态文明建设，要倡导生态伦理和生态道德，引导公民树立生态文明价值观，提高公民的生态文明素养，使其明白自己的义务和权利，积极投入到生态文明建设中去，以自身的实际行动，使"树立生态文明价值观——文明的生活方式——优良的生态环境"成为一个良好的循环，促进人类自身的生存与发展。知行合一，"行"是保证。培育生态文明价值观，要在政府的指引和国家有关制度的保障下践行。绿色发展始终坚持效率、和谐、持续的发展理念，是经济社会发展与环境保护的有效结合，只有践行绿色发展，才能在提高经济总量的同时守住绿水青山，给人民一个良好的生产生活环境，满足人民对生产生活的各类需要，提升人民的幸福生活指数，进一步的培育公民生态文明价值观，使"知"和"行"成为一个良性循环系统。

第三节　生态文明价值观培育的具体目标

一、培育绿色化的思维方式

思维方式是由思维什么和如何思维两个方面来加以规定的。历史上的任何一种思维方式，形而上学的思维方式和辩证的思维方式都可以从这两个方面加以分析、把握，绿色化的思维方式，不但要求我们把自然界——人类生存与发展不可或缺之条件与基础的自然界，由于人类的盲目开发、大肆掠夺、任意践踏而失去平衡，走向无序——作为思维对象去重新审视，并予以关怀，而且要求人们的思维遵循生态学原理，强调思维的复杂性、整体性、长远性、共享性与和谐性。绿色化的思维方式是辩证思维方式的现代形态。培育绿色化的思维方式需要培育"四大思维能力"，进而协同推进思维方式的绿色化。

（一）培育战略思维

陈澹然在《寤言二·迁都建藩议》中提出："不谋万世者，不足谋一时；不谋全局者，不足谋一域。"这一名句充分体现了战略思维的重要性。即思维主体具有极强的前瞻性与洞察力，是一种境界又是一种胸怀，能够运用长远眼光和全局思维进行分析、预判、谋划和解决重大问题。党的十九大报告提出，全党要增强政治领导本领，坚持战略思维、创新思维、辩证思维、法治思维、底线思维，把党总揽全局、协调各方落到实处。这是在党的代表大会报告中第一次提出五个思维的要求，并把坚持战略思维放在首位。

习近平总书记从战略高度强调生态文明建设的重要性。在十九大报告中指出："建设生态文明是中华民族永续发展的千年大计。""千年大计"四个字充分体现了习近平总书记从长远高度来认识生态文明建设的极端重要性。但是，需要指出的是，在当今社会，仍然会有一些人，他们的生态意识很薄弱，甚至连一些领导干部对这方面的意识都很缺乏，致使在生态文明建设方面仅仅停留在表面，停留在口头上，并未真正付诸实施，或更有甚者，不惜牺牲生态环境来完成当下紧急任务，不惜牺牲子孙后代利益来满足当代人的需求和发展。显然，这是治标不治本的，是根本不可取的。只有我们树立起长远意识和大局意识，改变传统的生产方式和生活方式，大力推进生态文明建设，自觉尊重、爱护和保护环境，才能让其思想内涵深入骨髓，内化于心，外化于行。

培育生态文明价值认同是培育生态文明价值观的灵魂，也是战略思维在生态文明建设中的集中体现。我国在推进生态文明建设中培育生态文明价值观，不仅是实现绿色发展的内在要求，也是主体公民的强烈呼唤；这不仅是对于新型治理模式的回应，对传统政府治理模式的突破，也是摒弃人治观念的一种意识突围，更加注重生态文明建设与公民文化的结合。因此，力促公民文化转型，是对法治政府、责任政府、信用政府重新认识的过程，是公民程序意识、法治意识、宪政意识得以凝练和提升的过程，也是生态文明与政治文明共同作用的结果，这就亟须公民树立生态文明价值观。[1] 生态文明价值观的培育不仅需要理论教育的传播，还需要身体力行的实践。良好的生态意识要通过日常工作、生活中的各种社会行为予以贯彻遵循，这是培育生态文明价值观最直接的渠道，也充分体现了人人都是生态文明建设的参与者、受益者。[2]

培育生态文明价值观的价值共识，需要树立公民的生态诉求理念，构建参与协调的共同目标。首先，生态诉求以人为中心，以人与人、人与自然、人与社会和谐共处为目标，它唤醒了人类的"自觉意识"，凸显了人类的"共生理念"。[3] 强化生态意识的社会实践性必须要全社会的公民积极参与，从社区家庭到企业社会组织，从领导干部到普通公民，逐渐形成一种生态文化的磁场，相互监督、相互促进。与此同时，还应该推动政府、企业组织的生态意识的实践遵循，这是社会构成的重要环节，也是最重要的约束性任务。需要推动政府、企业组织将执政和经营理念的转变具体落实到实际工作中，例如：日常行政办公中做到节约资源，乘坐公共交通工具，特别是政府机关要压缩公务用车、减少不必要

---

① 罗贤宇：《"美丽福建"视域下生态文明建设协同治理探析》，载《福建论坛（人文社会科学版）》，2017 年第 2 期。

② 罗贤宇：《"美丽福建"视域下生态文明建设协同治理探析》，载《福建论坛（人文社会科学版）》，2017 年第 2 期。

③ 陶国根：《生态文明建设中协同治理的困境与超越——基于利益博弈的视角》，载《桂海论丛》，2014 年第 3 期。

的形象景观工程，降低能源消耗，实现社会资源的有效配置。① 其次，提高公众的生态文明意识以及文化道德素养。一方面，要加强对公众的环境道德教育工作，使其明确自己在生态文明建设中的主人翁地位，提高公众的生态文明意识，激发其参与生态文明建设的积极性与自觉性。② 另一方面，要加强生态文明宣传教育工作，提高公众的思想道德和文化水平，从而提高他们参与生态文明建设的能力以及在面临环境污染时的维权能力。加强宣传教育不仅要充分发挥新闻媒介、科技工作者的宣传作用，而且要发挥政府、学校、企业以及非政府组织的作用，调动一切可以调动的因素，实现公众生态文明意识及道德文化修养的提升。③

通过以上途径，最终在全社会范围内——无论是政府还是公众——形成生态文明建设的良好氛围，众志成城，形成合力在生态文明建设中发挥出强大的主体力量，培育生态文明价值观。④

（二）培育创新思维

创新思维是指以现有的思维模式提出的有别于常规或常人思路的见解，这种思维新颖独特，别具匠心，并且具有一定的现实意义。习近平总书记高度重视"创新思维"，并提出了许多重要论述："创新是民族进步的灵魂，是国家兴旺发达的动力。""问题是创新的起点，也是创新的动力源。""领导干部要增强创新本领，创造性推动工作。"等等，对我们生态文明建设中树立创新意识起到重要的引领作用。

---

① 罗贤宇：《"美丽福建"视域下生态文明建设协同治理探析》，载《福建论坛（人文社会科学版）》，2017 年第 2 期。

② 罗贤宇：《"美丽福建"视域下生态文明建设协同治理探析》，载《福建论坛（人文社会科学版）》，2017 年第 2 期。

③ 罗贤宇：《"美丽福建"视域下生态文明建设协同治理探析》，载《福建论坛（人文社会科学版）》，2017 年第 2 期。

④ 罗贤宇：《"美丽福建"视域下生态文明建设协同治理探析》，载《福建论坛（人文社会科学版）》，2017 年第 2 期。

1. 理念创新

习近平生态文明思想中提出了有关生态文明的一系列新思想、新理念，内涵十分丰富，体现了马克思主义生态文明理论，是对其一脉相承，又创新式发展。这就要求我们在继承中华传统文化中的生态思想以及马克思主义生态思想的基础上，打破原本的唯以经济为增长的禁锢式思维。因此，我们需要摒弃传统的思维方式，转变经济发展方式和生活方式，牢固树立绿色发展理念。在党的十八届五中全会上，习近平总书记提出了创新、协调、绿色、开放、共享的发展理念，并写进党的"十三五"规划《建议》。《建议》中强调："绿色是永续发展的必要条件和人民对美好生活追求的重要体现。"[1] 充分反映了我们党对生态文明的认识达到了前所未有的高度。绿色是生命的标志，是和谐的标志，当今世界文明的发展大势，无不体现了"绿色"这一理念，这一理念还体现了我们党对社会经济发展规律的深化性认识，更代表了人民群众对美好生活的期盼，有力地指引着全国各族人民上下一心，朝着中华民族永续发展大步迈进。

理念创新还需要着力强化生态文明理念。生态文明理念要求尊重生态规律，按生态规律办事。走生态文明之路，既是国家和政府的大智慧，也考验着每个公民的环保意识，需要每个公民从点滴做起，用理念引领行动。[2] 因此，生态文明建设，根本在于观念上的改变。人类的任何活动都是在一定的思想指导下进行的，要想使人类的活动科学合理，就必须保证指导人类活动的思想正确。只有当公民真正树立起生态文明理念，才有可能出现生态环境保护的普遍行动，才能保证生态环境保护的技术手段和法律制度得到顺利实施。中国的生态文明建设来源于马克

---

[1] 《中共中央关于制定国民经济和社会发展第十三个五年规划的建议》，北京：人民出版社 2015 年版，第 5 页。

[2] 罗贤宇：《改革开放 40 周年：生态文明建设的"中国样本"》，载《云南民族大学学报（哲学社会科学版）》，2018 年第 4 期。

思主义生态文明思想与中国传统文化中天人合一、人与自然和谐相处等理念。改革开放以来，从提出环境保护的基本国策、可持续发展观到科学发展观，它们实际上体现的恰恰就是生态文明理念。① 党的十八大以来习近平总书记强调的"绿水青山就是金山银山"就是强化生态文明理念的集中体现。2005 年 8 月，习近平在浙江湖州安吉考察时首次提出"绿水青山就是金山银山"的科学论断。2012 年 10 月，党的十八大报告提出树立"尊重自然、顺应自然、保护自然"的生态文明理念；2015年 10 月，十八届五中全会，提出"五大发展理念"——创新、协调、绿色、开放、共享②，其中以绿色发展引领生态文明建设；2016 年 9 月，在 G20 峰会上提出五个坚定不移——深化改革、创新驱动、绿色发展、公平共享、对外开放；2017 年 10 月，十九大报告所阐述的"牢固树立生态文明观"尤其是"社会主义生态文明"理念；党的十九大通过的《中国共产党章程（修正案）》，再次强化了"增强绿水青山就是金山银山的意识"，都是中国共产党在新的历史条件与国情背景下，对马克思恩格斯生态思想的继承与发展。此外，近几年政府工作报告对环保、生态文明建设多次重点提及。③ 这都有力地证明了改革开放以来，我国大力倡导生态文明价值观，生态文明理念不断深入人心，以"共享单车""光盘行动"等为代表的绿色低碳生活方式逐渐融入人民的生活，这成为我国推进生态文明建设的重要思想源泉，体现了更为全面的价值导向。而十八大以来，习近平总书记关于生态文明建设提出了一系列新理念、新思想、新战略，形成了习近平生态文明思想，已经成为推进我国

---

① 罗贤宇：《改革开放 40 周年：生态文明建设的"中国样本"》，载《云南民族大学学报（哲学社会科学版）》，2018 年第 4 期。

② 《中共中央关于制定国民经济和社会发展第十三个五年规划的建议》，北京：人民出版社 2015 年版，第 8 页。

③ 罗贤宇：《改革开放 40 周年：生态文明建设的"中国样本"》，载《云南民族大学学报（哲学社会科学版）》，2018 年第 4 期。

生态文明建设的指导思想。①

2. 制度创新

习近平总书记不仅在生态文明建设的理念方面有所创新，在其具体的举措上也提出了一系列新战略。没有强有力的制度保障，再美好的愿景都是"空中楼阁"，建设美丽中国关键是要守住生态底线谋发展。改革开放以来，我国通过不断建章立制，健全生态环境保护机制，为生态文明建设发挥经济社会效益提供体制机制保障，提升绿水青山的"含金量"。② 特别是从十八大报告开始专门论述和部署了加强生态文明制度建设，建立能够体现生态文明要求的目标体系、考核办法和奖惩机制。③从 1979 年颁布了新中国成立以来第一部综合性的环境保护基本法——《中华人民共和国环境保护法（试行）》到 2014 年表决通过的《中华人民共和国环境保护法修订案》。至此，我国环境领域的"基本法"，完成了 1989 年正式实施 25 年以来的首次修订，使得我国的环保法律与时俱进。2015 年，中共中央国务院先后印发的《关于加快推进生态文明建设的意见》和《生态文明体制改革总体方案》，成为我国建设生态文明的纲领性文件；2015 年，我国还开始实行了中央环保督察制度，两年多的时间里，中央环保督察实现 31 个省（区、市）全覆盖；2016 年，《生态文明建设目标评价考核办法》颁布，以考核促进各地推动生态文明建设；从 2016 年全面推行河长制到 2017 年全面实施湖长制，为每一条河流、每一个湖泊明确了生态"管家"；2017 年，公布了《关于划定并严守生态保护红线的若干意见》，实施生态保护红线战略，构建国家生态安全格局；2018 年起，在全国实施《试行生态环境损害赔偿制度》，着

---

① 罗贤宇：《改革开放 40 周年：生态文明建设的"中国样本"》，载《云南民族大学学报（哲学社会科学版）》，2018 年第 4 期。

② 罗贤宇：《改革开放 40 周年：生态文明建设的"中国样本"》，载《云南民族大学学报（哲学社会科学版）》，2018 年第 4 期。

③ 胡锦涛：《坚定不移沿着中国特色社会主义道路前进为全面建成小康社会而奋斗》，北京：人民出版社 2012 年版，第 41 页。

力破解了生态环境"公地悲剧"。通过这些措施及要求来加强生态文明制度建设，建设美丽中国。此外，通过新修订《大气环境影响评价法》《污染防治法》《水污染防治法》等，来增加环境违法成本，使生态环境和人民环境权益得到了有力的保护。并通过出台一系列措施来建立体现生态文明要求的领导干部考核机制，用考核做实"绿色GDP"。2018年3月正式表决通过了《中华人民共和国宪法修正案》，"生态文明"正式写入宪法。从而逐步建立起源头严防、过程严管、后果严惩的生态文明制度体系。[①]

3. 技术创新

建设生态文明同样需要依靠科技进步，并且需要生态化技术创新，来增进人民生活福祉。生态化技术创新需要秉持协调、可持续的发展原则。生态化视野中的技术创新，其作用在于三大生态系统——自然生态、人文生态、社会经济生态各组成要素的协调以及整体的融合与发展等。首先，技术创新可以协调各子系统的构成要素。在自然生态中，人与自然的和谐相处、资源的有效开发和利用，都可以通过技术来实现；在人文生态系统中，科学与人文的互促、利益与道德的协同、物质与精神的交融，都离不开现实科技创新的支撑；在社会经济生态系统中，速度与质量、局部与整体、发展与稳定都相适应。其次，技术创新能促进三大生态系统内部要素之间以及三者之间的协调发展。最后，使三者构成的复合生态系统协调发展。[②]

（三）法治思维

法治思维，是指在观察问题、分析问题和解决问题时，运用法治的

---

① 罗贤宇：《改革开放40周年：生态文明建设的"中国样本"》，载《云南民族大学学报（哲学社会科学版）》，2018年第4期。

② 廖福霖：《生态文明学》，北京：中国林业出版社2012年版，第81页。

观念和逻辑的思维方式，即思维主体需要尊重法律、崇尚法治，在实践活动中秉持法治观念，时刻运用法律方式来解决问题。① 习近平总书记在 2018 年 5 月召开的全国生态环境保护大会上指出："用最严格制度最严密法治保护生态环境。"② 习近平总书记这段讲话深刻地揭示了我们培育生态文明价值观必须树立法治思维，不断加快制度创新和强化制度执行。

全球生态治理先进国家的历史经验揭示，在实行生态治理的过程中，它们都普遍重视法律的作用，完善的法律体系是增强公民思维方式生态化的有力保障。在市场经济体制下，以严格的立法手段来规范公众的行为，降低人类消费活动和企业生产活动对生态环境的影响，是增强思维方式生态化的重要手段之一。③ 首先，健全和普及生态文明相关的法律法规。政府要通过不断健全和普及生态文明相关法律法规，规范广大公民的生态行为，使公民的行为活动不能违背自然规律。马克思指出："没有无义务的权利，也没有无权利的义务。"④ 与权利意识相伴产生的就是人的责任意识。因此，要大力宣传我国新修订的《环境保护法》有关环境保护的权利和义务的规定。严厉惩罚破坏环境的行为，明确法律规定的公民保护环境的权利和义务，使他们自觉承担起自己的生态责任。其次，确保环境责任追究制度落到实处，尤其是刑事责任的追究制度。2015 年，我国颁布实施的《党政领导干部生态环境损害责任追究办法（试行）》中，明确提出实行生态环境损害责任终身追究制。因此，同样对于广大群众，建议有关部门尽快出台有关公众的生态环保责任终身追究制的实施细则，加强广大公众的生态责任意识。最后，加强

---

① 何民捷：《让法治成为一种思维方式》，载《人民日报》，2013 年 5 月 14 日。
② 《习近平在全国生态环境保护大会上强调坚决打好污染防治攻坚战推动生态文明建设迈上新台阶》，载《环境教育》，2018 年第 5 期。
③ 罗贤宇：《新时代青年绿色责任的伦理意蕴及其培育路径》，载《福建论坛（人文社会科学版）》，2018 年 8 期。
④ 《马克思恩格斯选集》第 3 卷，北京：人民出版社 2012 年版，第 172 页。

环境保护的维权意识。我国公民要摆正自己在保护环境中的地位，对于身边的环境污染事件要敢于维护自己的合法权益。因此，公民在遇到环境侵权时，必须要掌握正确合理的维权方式。同时，要树立主体意识，在参与环境保护维权时，更加注重对法律规范的合理性思考和自己独立的价值判断，从而保障自己的权益、需要、意愿与价值得以充分实现。此外，还可以建立环境公益诉讼制度，为维护公众环境权益提供法律保障。[①]

（四）培育底线思维

底线思维能力，指客观地设定好最低的任务目标，基于最低点，以期实现最大期望值的一种积极正面的思维能力。[②] 在培育生态文明价值观中，底线思维显得尤为重要。2013 年 5 月，习近平总书记在中共中央政治局第六次集体学习时强调要牢固树立生态红线的观念，从而为我国生态文明建设树立底线思维指明了路径与方向。

生态保护红线关系到我国生态安全，还直接关系到国家粮食安全战略、能源安全战略、食品安全战略等，从而直接影响到人民的健康生活。因此，牢固树立生态红线观念对于培育生态文明价值观具有重要意义。党的十九大报告中明确提出完成生态保护红线这条控制线划定工作。这条生态保护红线，旨在推动经济和环境和谐永续发展，为生态文明价值观的培育与巩固提供制度上的保障。生态保护红线是保护国家生态安全最基本和最重要的生命线，是绝不容侵犯的底线，它的保障和维护在一定区域内具有重要生态功能。生态保护红线是我国根据现实需要以及结合我国生态保护实践提出的特有的概念。其中支撑我国生态安全

---

① 罗贤宇：《新时代青年绿色责任的伦理意蕴及其培育路径》，载《福建论坛（人文社会科学版）》，2018 年 8 期。
② 中共中央宣传部：《习近平总书记系列重要讲话读本（2016 年版）》，北京：学习出版社、人民出版社 2016 年版，第 288 页。

格局的构成要素有很多，诸如河湖湿地、森林公园、崇山峻岭等，这些都是祖国的宝藏，是最需要留住的绿水青山，把这些资源纳入生态保护，对其进行维护，有利于促进可持续发展，为我们的子孙后代留下珍贵的金山银山。

二、培育绿色化的生产方式

生产方式中的生产有广义与狭义之分，广义指物质资料的生产与再生产以及人口的生产与再生产，狭义指物质资料的生产与再生产。绿色化的生产方式总的要求是，保持经济社会发展与人口资源和环境的协调。在这一总要求下，又有两个要求，其一，就人口而言，必须调控增速、适度规模，结构合理，提高素质；就经济而言，必须全力打造循环经济、低碳经济和绿色经济，并以此为契机、动力，做大做强高新技术产业，促进产业优化升级。其目的是低投入自然资源，低排放废弃物，尽可能小的环境代价，注重新材料、新能源的开发，实现经济效益、社会效益、生态效益相融合，最终取得最大的经济利益以及最佳的生态效益。绿色化的生产方式有三个方面的特点：

（一）生产方式的循环性

传统工业化生产方式是与自然对立的非生态的生产方式。从自然界与人的物质交换与变换的关系看，工业化生产方式是向自然索取的从"资源—产品—废物"的单线性的生产过程，是单一维度无法循环的。生产方式绿色化与自然的关系却不是单一的，而是双向互动的，一方面向自然索取的过程中，另一方面又以另一种形式"返还"给自然。这样循环往复，螺旋上升。在经济活动中，生产方式绿色化表现为一个反馈式流程——资源、产品、消费、再生资源。将原来采取的末端污染控制，转向生产全过程的绿色化，这样有利于将整个过程的资源利用达到最大化，从而实现污染物的低排放。

（二）技术创新的绿色化

传统的工业化科技创新往往首先是以经济效益为出发点，对于如何减轻环境的负荷，以便于更好的回收再利用等，却很少会去真正考虑。传统的或者说落后的科技，在与自然做物质交换的时候，虽然会将自然资源转换成社会财富，但往往是以环境污染、资源逐渐匮乏为代价的。绿色化创新是指减少对环境的污染，合理且充分利用资源的一种创新。技术创新过程中有利有弊，因此，在其运用中，会尽可能避免技术对资源环境的消极作用，在考虑经济效益的同时，也会充分考虑到生态与社会效益，最终转向经济社会可持续发展。

（三）生产目的的全面性

生产目的的全面性强调以人为本，要求以人们追求更美好的生活需要为目标，实现绿色化的生产方式。绿色化生产方式与传统工业化生产方式不同，是不以单个生产过程最优化为目标，而是以获得人及社会所需的物质财富为目的，兼顾创造良好的生态环境，实现人与自然的和谐为宗旨的。① 培育绿色化的生产方式可以通过以下途径：

第一，树立循环经济意识。

循环经济的本质是一种生态经济，生物食物链物质循环理论是建立生态产业链的依据。其要求按照生态规律组织整个生产、消费和废弃物处理过程，将传统经济增长方式由资源—产品—废物排放的开环式转化为资源—产品—再生资源的闭环式，是产业生态化的重要模式。②

循环经济的发展，是以回收再利用为主导的。近代以前，当周围的废弃物没有干扰到自然界的自我内部的循环时，人们还可以安然的生产

---

① 廖福霖：《生态文明学》，北京：中国林业出版社 2012 年版，第 74 页。

② 沈满洪、谢慧明：《生态文明建设：浙江的探索与实践》，北京：中国社会科学出版社 2018 年版，第 55 页。

生活。但在之后，特别是随着科学技术的提高，很多产品被制造出来，而这类产品除了本身具有一定的危害性以外，还很难被自然所净化和降解，这给自然界的循环吸收带来了严重困难，产生了巨大的生态危机。长时间以来，人类将自己摆在世界的中心位置，错误地认为自己可以操控、支配，甚至战胜自然。恩格斯写道："我们不要过分陶醉于我们人类对自然界的胜利。对于每一次这样的胜利，自然界都对我们进行报复。"① 因此，我们可以看出，人类与自然的关系应该是调节与协调，而不是支配与占领。

在当今这样高速生产的社会，消费与废弃是不可避免的。人类必须对生存方式本身进行反思。如果人类的生产、生活方式还是保持不变，那么废弃物的循环和利用恐怕是纸上谈兵。在谈到建立完善的生态文明制度时，党的十八届三中全会报告指出，干部考核的标准中不只有经济GDP 的增长，还应对贫富差距、资源浪费、环境恶化等方面进行综合考量，而这就需要树立领导干部的循环经济意识。②

第二，发展低碳经济。

低碳经济指在发展中遵循可持续发展理念，运用产业转型、新能源开发、技术创新等多种手段，有效实现温室气体的排放以及高能量高碳能源的消耗的降低，努力达到既发展了经济，又保护了环境这样一个"双赢"的局面。低碳经济的产生源于以二氧化碳为代表的温室气体排放导致的全球气候变暖，以及气候变化给人类及生态系统带来的灾难性影响。发展低碳经济成了全球实现可持续发展的共同愿景。其根本思想仍是人与自然的和谐发展，但重点从资源环境转向了能源环境，因此实现路径也更强调能源的优化。因此，低碳经济的核心即能源高效利用、能源结构优化和清洁能源开发，可看作循环经济在能源领域

---

① 《马克思恩格斯选集》第 3 卷，北京：人民出版社 2012 年版，第 998 页。
② 周琳：《当代中国生态文明建设的理论与路径选择》，北京：中国纺织出版社 2019 年版，第 213 页。

的延伸。[①]

低碳经济本身是一场革命，它呼唤并推动一场全面深刻的革命，包括能源革命、产业革命、技术革命乃至社会文化革命与思想观念革命，而思想观念革命无疑至关重要。人是思想观念的奴仆，受思想观念的支配，思想观念的变革是现实变革的先导，要从政治的高度认识推行低碳经济的重要性。当前，低碳经济不仅是一个单纯的经济问题，也成了一个政治问题，一个关系国家根本利益，或发达国家与发展中国家利益竞争的国际政治的重大问题。所以，必须引起我们的高度重视。[②]我国应紧紧把应对气候变化作为实现可持续和绿色低碳发展的内在要求，大力发展低碳经济，强化温室气体排放控制，增强适应气候变化能力，实现全球气候治理和国内生态文明的相互促进、相互支持。

第三，加强能源生产利用方式变革。

能源是人类社会发展的物质基础。我国的能源问题事关国家安全、经济发展全局，也关乎生态环境保护与大气环境质量改善，影响重大。加快推动能源结构调整，减少煤炭消费，增加清洁能源使用，是我国污染防治攻坚战的重点任务之一，也是促进绿色发展的重点领域。

首先，推进能源革命。

立足我国的基本国情，坚持保障安全、节约优先、绿色低碳、主动创新的战略导向，开展能源生产和消费革命，不断提高能源利用效率和清洁能源供给比例，持之以恒地实施节能降耗，遏制能源消费快速增长的势头。特别是京津冀、汾渭平原等地区，要下大力气化解高耗能行业过剩产能，减少煤炭资源消耗。北方地区，要大力控制散煤消耗，加大清洁取暖和清洁能源替代力度。

---

① 沈满洪、谢慧明：《生态文明建设：浙江的探索与实践》，北京：中国社会科学出版社2018年版，第60页。

② 刘湘溶、罗常军：《经济发展方式生态化》，长沙：湖南师范大学出版社2015年版，第113页。

其次，优化能源结构。

2017年，我国一次能源生产总量约35.9亿吨标准煤，比上年增长3.6%，是世界第一大能源生产和消费大国。目前，我国原油对外依存度超过65%，二氧化硫、氮氧化物、PM2.5等排放都居世界前列，能源生产和消费对生态环境损害严重，必须持续增加清洁能源使用，减少煤炭消费。

我国的资源结构呈现"贫油、少气、富煤"的状况，为了推进煤炭转型发展，需要实施能源供给侧结构性改革。我国社会经济的快速发展中，煤炭能源起了举足轻重的作用，在今后的长期发展中，必须大力开发和利用煤炭清洁。全面禁止劣质散煤直接燃烧，加强煤炭清洁储运等体系的完善以及质量全过程的监督等。做到多途径煤炭能源改革，建立清洁高效的煤电体系。

因此，我国应大力发展清洁能源，大幅增加生产供应，实现增量需求。坚持以分布式为主，集中式和分布式并举，大力发展风能等清洁能源，扩大城市垃圾发电规模，推动可再生能源高比例发展。在保护生态环境的前提下，适度发展水电、地热能，以及积极推动天然气国内供应能力发展。

最后，强化能源节约。

能源变革的关键在于科技进步。在传统能源领域，通过研发和利用技术，来有效减少能源在生产和使用过程中的污染排放，加强能源再生资源综合利用，构建清洁、循环的能源技术体系。在可再生能源领域，重点发展更高效率、更低成本、更灵活的风能和太阳能利用技术，因地制宜发展生物质能、地热能、海洋能利用技术。[1] 控制能源消耗总量，加强制约性指标的管理与运用，着力落实节能方针，切实贯彻调整产业和能源结构，建立健全法律法规与相关制度，打造科学全面的系统体

---

① 全国干部培训教材编审指导委员会组织编写：《推进生态文明建设美丽中国》，北京：人民出版社2019年版，第61页。

系，从源头处抑制非理性消费，优化城乡用能水平，最终加快步伐建成能源节约型社会。

三、培育绿色化的生活方式

当今社会，我国生态文明建设步伐加快，绿色发展理念也逐渐得到落实，"生活方式绿色化"的概念除了在学术界研究增多以外，在大众中也逐渐普及开来，特别是频繁出现在各种报刊等宣传媒介上以及各种绿色有关的活动之中。近年来，国家高度重视"生活方式绿色化"问题，在各种重要文件中反复强调，要重视"实现生活方式绿色化"，不断推动形成绿色发展方式和生活方式。2015 年 11 月，环境保护部专门印发了《关于加快推动生活方式绿色化的实施意见》，强调要形成人人、事事、时时崇尚生态文明的社会新风尚。由此可以看出，生活方式绿色化在当今整个社会具有重要性、必要性以及紧迫性的特点。但是在推进这一生活方式的实施进程中，并不是简单地、一蹴而就的，相反，是困难重重的，有一个重要的原因在于，能自觉践行绿色生活方式的群体并不占据大多数，因此，培育当代中国生态文明价值观的关键部分就在于着力培育绿色化的生活方式观念。

推进生活方式绿色化，是形成生态文明社会新风尚的有力指导和科学指南，有利于生态文明建设融入到社会建设的方方面面。一方面，绿色化的生活方式能够倒逼生产方式绿色化，从而在源头处保护生态。另一方面，从公众最基本的生活方式入手，规范和引导全民的绿色生活，树立绿色生态意识，共同携手保护生态环境。

因此，着力推动生活方式绿色化，不仅人们的生活方式会发生变革，人们的价值观念也会受到影响，进而为建设美丽中国奠定扎实的群众基础。因此，应通过以下途径培育生活方式绿色化。

（一）勤俭节约

勤俭节约是中国人的传统美德，是中华民族的优良传统。2017 年 6 月，习近平总书记在深度贫困地区脱贫攻坚座谈会上的讲话："要弘扬中华民族传统美德，勤劳致富，勤俭持家。"① 勤俭节约的传统美德要求消费者具有很高的社会责任意识，在消费的同时尽量不产生浪费，而浪费是造成和加剧生态环境问题的重要社会原因。为此，我们要树立节约资源、理性消费的意识，从节能、节水，以及尽可能不用或少用一次性用品等各方面入手，自觉养成绿色消费习惯，逐步形成文明的节约型社会。

（二）绿色低碳

2017 年 1 月，习近平总书记在联合国日内瓦总部的演讲中提出："坚持绿色低碳，建设一个清洁美丽的世界。"② 因此，应倡导绿色低碳生活，对于个人来说这是一种态度，而不是能力，在积极弘扬绿色低碳生活的同时，努力实践，从自我做起，从点滴做起，从节约水电、节约消费这些点滴做起。从生活的各方面着手，朝着绿色低碳转变，践行绿色生活和休闲模式，为绿色低碳转型贡献自己的力量。

（三）文明健康

党的十九大报告提出要实施健康中国战略，倡导健康文明生活方式。随着人们生活水平的提高，文明健康的生活方式慢慢得到了人们的重视，这与人们对于美好生活的需要是分不开的。一方面，文明健康的

---

① 习近平：《在深度贫困地区脱贫攻坚座谈会上的讲话》，载《人民日报》，2017 年 9 月 1 日。

② 《习近平出席"共商共筑人类命运共同体"高级别会议并发表主旨演讲》，载《人民日报》，2017 年 1 月 20 日。

生活方式首先必须有益于消费者自身的健康；另一方面，文明健康的生活方式还必须有利于生态环境保护和有效促进社会公平，满足他人、下一代对自身健康的追求。①

第四节 生态文明价值观培育的主要方法

一、理论教育与实践养成相结合

理论教育法是生态文明价值观培育的"灌输"原则在价值观教育中的具体运用。公民要形成正确的价值观念，仅靠自我认知是远远不够的。通过政府、家庭与学校的理论灌输与宣传引导，让公民搞清楚什么是生态文明价值观，为什么生态文明价值观是科学的、正确的价值观，才能够深刻理解、积极认同与践行生态文明价值观。

理论教育法有课堂讲授、媒体宣传、会议学习等多种形式。其中最主要的是课堂讲授。课堂学习是学生进入学校后最主要的学习方式，而且课堂学习有其他学习方式所没有的优势，即更加系统化和理论化。课堂配有专门的教师和教材，可以集中向公民进行理论讲授，能够深化公民对生态文明价值观的理解。我国高校开始建立完备的环保课程体系，涵盖了公民生态文明价值观教育的相关内容。同时各大高校培养了大批环保领域的高层次人才，建立健全了生态文明价值观教育队伍。媒体宣传和会议学习是理论宣教的重要方法，也是课堂教授方法之外的重要补充。

实践养成法，就是组织引导公民通过各种社会实践活动，不断提高

---

① 谷树忠、谢美娥、张新华：《绿色转型发展》，杭州：浙江大学出版社2016年版，第190页。

自身的认识能力与思想觉悟，形成于社会发展相适应的价值观的方法。"纸上得来终觉浅，绝知此事要躬行"，人的思想观念是实践中逐步形成的。公民的思想观念虽然还不是很成熟，但是对于理论能不能照进现实这件事情非常看重。在实践的过程中，公民会不自觉地将学到的理论知识应用到其中，从而加深公民的价值观认知，所以实践在生态文明价值观教育中发挥着关键的作用。① 因此，公民生态文明价值观培育需要理论教育与实践养成相结合的方法。

二、榜样示范与自我塑造相结合

榜样示范法，指通过先进人物或事迹的示范引导作用，引导培育客体提高思想认识、规范自身行为的方法。② "榜样"是培育客体成长过程中不可或缺的重要因素，榜样示范在激发公民的积极性、提高其道德素质、促进中国特色社会主义建设方面发挥了重要作用。在社会生活日益多元和复杂的情况下，我们要坚持运用榜样示范法教育广大群众，给教育对象以正确的引导。

榜样示范法的运用与人们心理活动的特点和规律密切相关。根据 A. 班杜拉的观察学习理论，榜样对人们思想行为的影响，是以连续的心理活动过程，即是一个包括注意、保持、运动再现和动机作用四个环节的观察学习过程。其中首要的是注意过程，它决定着观察学习的方向并对榜样示范信息的筛选和吸收。影响注意过程的因素包括示范榜样的复杂性、可辨别性和个人特征等，如简单的行为易于模仿，直观的行为容易借鉴，在受教育者认知水平以及能力所及范围内的思想和行为更具有科学性；榜样思想行为中最基本、最重要的部分如能被突出出来，具有容

---

① 李纪岩：《引领与培育——当代大学生核心价值观生成的基础问题研究》，北京：光明日报出版社 2018 年版，第 76—78 页。

② ［美］A. 班杜拉：《思想和行为的社会基础——社会认知论（上册）》，林颖等译，上海：华东师范大学出版社 2001 年版，第 63 页。

易辨别的特点，就容易迅速提高人们的注意力，效果最容易显示出来。可见，榜样示范所运用的榜样，必须具有可学性、易辨识性、权威性、有吸引力等基本特征，这是榜样教育的心理基础，也是榜样教育的基本要求。

在生态文明价值观培育中，要积极运用榜样示范法，善于利用身边的榜样人物和正面事例，使公民受到启发、形成共鸣、提高认识、学习仿效。在以榜样人物和正面事例教育公民的过程中，真实性是榜样力量的源泉，只有贴近人们的日常生活，才能使榜样和典型更加为人们所信服。让人们近距离接触榜样人物，了解事实真相，才会产生更强的感染力和说服力，收到最佳效果。榜样示范的具体方式方法要灵活多样，除电视、广播等传统媒体，还可以利用微博、微信等新型媒体传播榜样事迹。譬如，建立公众号，传播榜样人物的先进事迹，供人们阅读和评论，从而强化榜样示范的效果。在宣传典型事迹和榜样人物的同时，要双管齐下，善于利用反面典型，发挥其威慑、劝阻与警示的作用。利用正反两方面的事例警醒公民什么事可以做，什么事不可以做。

自我塑造法是指在生态文明价值观培育主体的引导下，培育客体通过自我学习、自我修养、自我反思等方式，主动接受符合生态文明社会要求的思想观念、价值观点、道德规范，以提高自身生态文明价值观的方法。在生态文明价值观培育过程中，之所以强调运用自我塑造法，强调培育客体的自我塑造，是因为生态文明价值观培育效果在很大程度取决于培育客体自我教育的状况。运用自我塑造法，有助于提高培育客体自我教育的自觉性和能力，进而促使培育客体更积极更主动有效地参与教育活动，进行自我塑造。因此，应充分运用榜样示范与自我塑造相结合来培育公民生态文明价值观。

第六章　当代中国公民生态文明价值观培育的路径选择

　　生态文明价值观是在全面反思我国传统经济增长方式和发展模式的基础上提出来的，是对工业文明的超越与拓展，是人类文明形态的升华与飞跃。生态文明价值观，体现了科学发展和生态共识的思想，是人们对待人与自然的文明程度的标志。生态文明价值观恪守自然的内在价值，以此为基础重新审视人与自然的关系，视自然为人类社会发展不可或缺的组成部分，提倡建立尊重自然、顺应自然、保护自然的发展模式，培养人类对自然的真切关怀和亲近感。当代中国公民生态文明价值观培育需要我们针对现实困境与问题来探讨解决的路径，本章在深入分析问题及其产生原因的基础上，从生态文明价值观培育的主体、客体、内容、载体与环境五个层面提出当代中国公民生态文明价值观培育的路径，以期形成整体合力，更好地实现培育目标。习近平总书记向来十分关注和重视生态文明建设工作。在地方工作期间，生态福建建设和绿色浙江建设成为推动社会主义生态文明建设的样板。在这个过程中，他创造性地提出了"绿色青山就是金山银山"的科学理念。习近平总书记在党的十八大以来，不断领导全国各族人民，艰苦奋斗，勇于实践，使得关于生态文明建设的思想更加清晰、系统、可行，带领中国人民朝着社会主义生态文明的伟大征程大步迈进。正是在理论和实践、继承和创新、集体和个人、国内和国际的碰撞和融合中，最终形成并确立了习近平生态文明思想。

2018 年全国生态环境保护大会上，习近平总书记发表重要讲话，深刻阐述了加强生态文明建设的重大意义，明确提出加强生态文明建设必须坚持的重要原则，对加强生态环境保护、打好污染防治攻坚战作出了全面部署。这为培育社会主义生态文明价值观提供了重要的思想指引和行动指南。友好的生态环境关系到每个地区、每个行业、每个家庭，人人受益，也需要人人参与。当前，仍有一些公民的生态文明价值观培育认识不到位、责任落实不到位。思想引领行动，价值决定方向。要深入领会学习习近平生态文明思想，努力提升和加深对生态文明建设规律的理解，凝聚最大公约数，画出最大同心圆。要坚持建设美丽中国全民行动，通过建立健全以生态价值观念为准则的生态文化体系，教育广大公民增强"四个意识"，引导大学生切实增强生态文明意识。同时，牢固树立生态文明价值观，内化于心、外化于行，为美丽中国建设注入不竭的精神动力。

习近平总书记同中央领导集体一起，立足时代使命，洞悉客观规律，顺应人民期待，彰显执政担当，着力推进五位一体总体布局，高度重视生态文明建设，融入治国理政的宏伟蓝图，并提出了一系列关于建设生态文明的新理念新思想新战略。我们要坚持以习近平生态文明思想为引领，着力做好生态文明价值观培育。党的十九大提出："我们要牢固树立社会主义生态文明观，推动形成人与自然和谐发展现代化建设新格局。"① 这是我国在新时代对生态文明价值观培育提出的明确目标，需要大力加强生态文明价值观培育，持续提升公民的生态文明素质，让生态文明价值观深入人心，融入生产方式、生活方式和思维方式当中。

---

① 习近平：《决胜全面建成小康社会夺取新时代中国特色社会主义伟大胜利——在中国共产党第十九次全国代表大会上的报告》，北京：人民出版社 2017 年版，第 52 页。

第一节　明确职责定位，落实主体责任

马克思深刻地指出："没有无义务的权利，也没有无权利的义务。"① 正义要求人们公正、平等、合理地看待和行使自己的环境权利，并且尊重、维护别人相应的正当权利。环境正义，要求每个人无论高低贵贱，在符合国家利益的基础上，在开发、利用自然资源，获取应有的环境利益以满足个人需要方面享有平等的权利。② 美国当代著名伦理学家罗尔斯也在《正义论》中指出："不正义即是一切利益方面的不平等""正义反对以其他人更好地享有权利为借口，而剥夺某些人的自由"。③ 环境问题不是孤立的，需要每一位公民的参与，十九大报告指出，"人与自然是生命共同体，人类必须尊重自然、顺应自然、保护自然"。④ 由此可以看出，人与自然都是属于生命共同体的一部分。生态责任体现了人类对自然及其所有生物的道德关怀。社会的发展不应该建立在破坏自然，伤害其他生物，甚至损害人类长远发展的基础上，以破坏为基础的发展背离了"发展"的真意。正是基于这一真意，生态责任对人类提出了维系地球绿色、保护生态的环境伦理义务，要求环境权利与义务相统一，使各利益主体主动承担自身的生态责任。这体现了人类对自身生存权利的重视，更体现了对"天人合一"道德责任感的传承，是对自然、对社会、对人类自身的道德诉求。生存是地球上所有生命体最基本诉求，更是人类社会能够得以持续发展的基础条件，因而赖以生存的环境被破

① 《马克思恩格斯选集》第 3 卷，北京：人民出版社 2012 年版，第 172 页。

② Arthur P. j. Mol, David A. Sonnenfeld, "Ecological Modernization Around the World: An Inroduction", *Environmental Politics*, No. 1, January 2010, pp. 1 – 14.

③ ［美］约翰·罗尔斯：《正义论》，何怀宏、何包钢、廖申白译，北京：中国社会科学出版社 2009 年版，第 8 页。

④ 习近平：《决胜全面建成小康社会夺取新时代中国特色社会主义伟大胜利——在中国共产党第十九次全国代表大会上的报告》，北京：人民出版社 2017 年版，第 50 页。

坏，将对人类乃至全球生物的生存造成巨大的威胁。生态责任正是基于对人类自身及所有生物生存权的道德关怀，要求人类经济、社会与生态环境实现可持续发展。①

当前，政府、学校、社会、家庭是我国公民生态文明价值观培育的主体。生态文明价值观培育需要培育主体的协同推进才能顺利进行。因此，这就需要我们明确相关培育主体的职责与定位。

一、政府是生态文明价值观培育的保障

政府是生态文明价值观培育的责任主体。生态问题，不仅与国家、社会当前发展密切相关，也关系到国家的未来、人类的未来。提高全民族的生态素质，培育公民生态文明价值观是当代政府不可推卸的责任。政府是生态文明价值观培育的保障。

政府的主体责任在生态文明价值观培育中具有显著的导向作用。与家庭、学校、社会不同，政府是通过政策法规的制定以及决策管理对生态文明价值观培育产生影响，因而对家庭、学校和社会起着导向作用。政府的管理权限和决策地位越高，越能在广度和深度上对生态文明价值观培育起作用。个人、家庭及企业等主体只能在一定范围内影响培育客体，而地方政府却能通过决策管理、制定政策法规来影响整个区域的培育环境，甚至可以对本区域以外的培育环境产生影响。

政府自身的生态文明价值观培育情况具备极强的示范引领效应，是生态文明建设的示范者、领导者和推动者。很大程度上，生态文明价值观培育环境的优劣及未来前景是由当地政府生态文明价值观的现状所决定的。同时，政府既是社会公众一贯的主导者和协调者，也是社会公众利益的代表者和维护者，针对环境问题，在涉及协调代内和代际的权利

---

① 罗贤宇：《新时代青年绿色责任的伦理意蕴及其培育路径》，载《福建论坛（人文社会科学版）》，2018 年第 8 期。

利益关系上，必须做出符合人类永续发展的价值观判断。因而，必须坚持可持续发展，依法依规保护生态环境，杜绝以权代法，以权谋私；更不能急功近利、竭泽而渔。所以，具备高于民众的生态文明价值观水平、具备更高的生态道德自律和更高的生态自觉意识，是培育主体责任建设对政府及其领导的必然要求。

首先，政府要创造培育生态文明价值观的良好环境。21世纪是生态文明的世纪，人类文明发展形态正由工业文明向生态文明加速转变。从国内来看，我国改革开放40多年来在经济高速发展的进程中同样地伴随着资源的浪费和环境的破坏，尤其是粗放的发展模式既损害了生态效益又损害了社会效益。因此，实施生态文明建设战略，强化政府担负生态文明价值观的主体责任，其中一个重要环节就是营造生态文明价值观培育的良好环境。培育公民生态文明价值观客观上要求各级政府本身及其制定的相关各项方针政策、规章制度和培育机制都必须体现生态文明战略目标，从而创造良好的生态文明价值观培育环境。政府在整个生态文明战略制定和推动过程中居于主导地位和发挥主要作用，因此培育公民生态文明价值观的关键在于建设好生态型政府。生态型政府的重要特征之一就是官员树立生态文明价值观，在发展经济的同时保护好环境。对此，我们要主张建立党政领导环保实绩考核机制，要求对那些仅以单纯GDP增长为业绩而不惜破坏资源环境的政府官员、对那些只知道耗费财政和社会财富搞"形象政绩""窗口政绩""路边政绩"的政府官员，不得提拔重用，摒弃"唯GDP论"的政绩观。在生态文明建设过程中，政府的培育主体生态责任体现在通过提升全社会的生态文明理念，通过生态文明价值观培育，推动生态型政府、生态经济、生态文化的建设发展，对于危害生态环境的行为给予严厉的制裁，号召全社会行动起来保护生态环境，这是政府在生态文明建设过程中所必须承担的义务和基本职责。显然，不能将政府的培育主体生态责任，简单地理解为单一的环境保护责任。制定生态文明相关政策、构建生态文明发展机制、完善生态文明法律法规等都是政府生态责任的主要内容，为培育生态文明价值观创造良好的政策环境和社会环境。政府的公共性特点注定有义务通过履行生态责任，在保证经济高速发展的同时，对生态环境进行修复、治理、改善和保护，最终实现天人和谐、生机盎然的生态文明社会。可见，政府的生态责任既是生态文明价值观培育得以成功最为关键的一环，更是生态文明价值观培育的题中应有之义，具有不可替代的唯一性和权威性。

其次，借助经济和法律手段引导和保障生态文明价值观培育。生态文明价值观培育要在全社会得到真正的落实，经济手段和法律手段必不可少。政府在维护经济、社会和环境协调可持续发展上起着举足轻重的作用，通过各项决策，控制各种经济要素，诸如市场、价格以及财税、经济政策等，这是其他手段无法替代的；同时在生态文明价值观培育，引导公众对环境的态度和行为上，有极为重要的互补性，例如由环境科学家联合经济学家计算出气候变化、酸雨与空气污染的成本，然后将其作为燃煤产生电的一种税负加入到现行的价格中去，这意味着所有的经济决策者——政府、企业家、个人都必须掌握准确的信息，从而做出对生态负责的明智决策。

同时，生态文明价值观培育的顺利实施，需要政府完善绿色法律框架。法律和条例是促使生态文明价值观培育转化为行动的最重要工具，不仅将其作为"制度和规章"办法，而且使其成为政府制定市场准则及发展规划的框架性规定，强制使社会各主体必须将环境因素放在首位。例如，在环境管理中，使环境影响评价成为政府决策行为必须遵守的一项制度后，从而确保对建设项目实施后可能造成的环境影响进行评估，继而提出预防或者减轻不良环境影响的对策和措施，防止决策失误，把环保纳入综合决策的有效途径。这样可以防范一系列环境问题的产生，也可以极大减轻事后治理所产生的经济负担和社会矛盾。这将是一个良性循环，互利多赢的过程，并有利于政府以及全社会培育生态文明价值观。

最后，成立专门的部门来实施、引导和宣传公民生态文明价值观培育活动。例如2013年12月，中共中央办公厅印发了《关于培育和践行社会主义核心价值观的意见》，这份意见由中共中央办公厅牵头发布，为社会主义核心价值观培育打下了坚实的政策基础。因此，成立专门的部门或由中央部门牵头来实施、引导和宣传公民生态文明价值观培育活动显得十分重要。

二、学校是生态文明价值观培育的关键

学校是培育生态文明价值观的关键主体。作为有组织、有计划、有步骤地实施价值观教育的专门机构，学校侧重对知识的传授和理论的讲解，更能集中地调动人的创造性和能动性。从学校教育的特点来看，它又不同于家庭教育、社会教育的社会主导性、系统性和可控性。学校教育在培养价值观、情感、态度等方面有着不可替代的作用，一旦学生开始踏入校园，学校教育的影响就开始超越家庭等其他途径，因而学校是生态文明价值观培育的关键主体。

学校应当制定可量化的学生生态文明价值观培育目标，为师生立起一杆标尺，为培育提供导向与动力。培育目标可以分为阶段性目标和最终目标。最终目标即促使学生知行统一、情意结合。阶段性目标之一是具备生态文明价值观培育的理论知识，对生态理论知识的掌握是基础性工作。阶段性目标之二是使生态文明内化为学生自身情感的一部分。人的理性及感性均会影响行为的发生，因而既要通过知识的内化表现生态文明之理性，也要通过情感的培养展现生态文明之感性。要让学生将掌握的生态文明理论内化为自身认知，使线上与线下教学相结合，通过组织学生观看相关视频、听取名家讲座或报告等形式，使学生的认知内化为自身的情感，并且将这份情感付诸于日常的行为之中。阶段性目标之三是使学生展现生态文明行为。理论的掌握仅仅是学习的开始，理论必

须转化为实际行动才有现实的意义，实践是巩固与检验知识的最佳方法。在日常生活中，学生的每一举动都需自觉体现生态文明价值观。阶段性目标之四是将生态文明行为转化为学生的意志行为，并上升为内心的意志力，最后成为一种价值理念。只有使生态文明价值观成为自身意志的一部分，才能自觉地、稳定地、长久地表现出生态文明行为，最终达到知行合一。这些目标的实现可以通过以下路径来完成。

（一）重视课堂教学在生态文明价值观培育方面的主渠道作用

课堂教学是生态文明价值观培育的主渠道，肩负将生态文明价值观理论传授给学生，使其形成生态文明价值观认知基础的重任。在当下无法开设专门的生态文明价值观培育课程的现实条件下，可在思想政治理论课中融入生态文明价值观。思想政治理论课是系统地帮助学生形成正确的世界观、人生观和价值观的重要渠道，也是培育生态文明价值观主要的课程载体。从本质上来讲，生态文明价值观培育的目标与思想政治理论课的教学目标是相一致的，都是培养学生，使其对他人、集体、社会乃至自然都保有一种人文关怀与和谐的精神，促使他们成为具备高尚品德之人，从而引导他们全面发展。因此，要将生态文明价值观融入思想政治理论课中，发挥思政课的载体作用。

首先，能够使学生明确生态文明价值观培育的理论意义及社会价值，使其知晓学习这些理论的目的和意义。生态文明价值观培育能够继承与发扬中华民族优秀传统文化，充实社会主义核心价值观，提升学校人才培养质量。青年兴则国家兴，青年强则国家强。青年学生为人民幸福、民族复兴、国家富强储备力量，是国家的未来与希望，是推动国家生态文明建设的主力军。处于形成与确立时期的青年学生的价值观，决定着未来整个社会的价值取向，必须确保好的发展方向，培育积极向上的思想，使青年学生成为践行生态文明价值观的模范公民。通过培养青年学生的生态文明价值观，从而大幅提升未来中国人民整体的道德品质，成就更加健康向上的中国社会，早日实现中华民族伟大复兴梦想。

其次，讲解生态文明价值观培育的理论基础及知识借鉴，内容应多涉及《论语》《老子》等优秀传统文化，比如儒家强调的"天人合一""中和位育""与天地参""民胞物与"等，包含着博大精深的生态智慧。道家崇尚的"道法自然""天道无为，任物自然"的思想，对唤醒学生爱护自然、保持人与自然和谐关系意识具有积极意义。同时，还应指导学生学习马克思主义经典著作和新时代的生态文明建设思想，使学生认识到生态文明素养是人的全面发展不可或缺的部分。此外，可以增设列举一些保护环境的先进典型事例，将理论与实践相结合、具体与抽象相结合。

最后，详细讲解生态文明价值观培育所涵盖的内容。需要积极引导学生准确认识人与自然之间的关系。首先，要向学生讲授何为正确的大自然观，使其认识到人与自然既相互统一，又相互对立；第二，要引导学生认识到人与自然是全面协调发展的关系，走出"人类中心"的固有观念；第三，要指导学生全方位地探讨自然的价值，走低碳发展、循环发展、绿色发展之路来追求经济效益，实现经济效益、社会效益和生态效益的共赢。

（二）充分挖掘各门学科的生态文明价值观资源

学生专业课在课程总量中占比例较高，调查显示，相较于其他课程，学生对专业课往往更为重视。因而将生态文明价值观培育深植于专业课课堂尤为关键。要针对各门学科的特点，特别是不同的学科专业岗位的职业道德准则，挖掘与生态文明价值观的契合点，在授课的过程中将生态文明价值观潜移默化传授给学生。生态文明价值观是处理当代社会人与自然关系的基本规范。应该引导学生在学科专业实践中彰显生态文明精神。比如，对于中文专业学生，老师可以通过穿插讲述诗文、小说等内容所蕴含的与自然为善的故事，在课堂中烘托出身临其境的感觉，使认知与情感体验相结合，以便学生牢记于心；对于历史专业的学生，老师可以通过梳理历史上的生态文明思想大家、为生态文明价值观培育做出突出贡献的历史人物、生态文明典故等，以古鉴今，使学生被感染熏陶；对于哲学专业的学生，在中西对比的过程中将生态思想内化于心，不断挖掘西方先哲的生态思想和中国生态哲学思想。以此类推，对于其他专业的师生，要充分结合本专业"源动力"，可讲述该领域领军人物与自然的和谐之举，也可发掘本学科所蕴含的生态文明思维力量等，在发挥教师主导作用同时，凸显学生的主体作用。总而言之，生态文明价值观培育资源无处不在，源源不绝，要想"对症下药""药到病除"，须得取之有道，用之有方。

（三）深入开展大学生社团实践活动

公民生态文明价值观的培育过程本身离不开实践，因为它是知情意的统一体。评价生态文明价值观培育的实效性，不仅要看公民是否真正地建立了生态文明价值观，更要看公民是否都能把心理认知外化为实际行动。学校应通过开展大学生社团实践活动，增加实践教育活动的方式，提升生态文明价值观的影响力，在校园中形成一种风尚，扩大生态文明价值观的积极影响。

三、社会是生态文明价值观培育的补充

生态文明价值观培育离不开社会各界的支持，主要包括企业、社会组织与媒体，其核心就是社会组织。他们组成了生态文明价值观培育的社会主体，是公民生态文明价值观培育主体的重要补充。

（一）企业

在生态文明价值观培育中，企业生产方式的转变是企业落实其"主体责任"的具体表现，而企业"主体责任"亦成为对生态文明价值观培

育主体的有效补充。"生态责任"是企业社会责任中尤为重要的一项，是企业在生产的历史演变中伴随着新的社会、自然问题而产生的一种新的责任形式。所谓"企业社会责任"最早由美国学者谢尔顿提出，其认为：企业的社会责任含有内在的道德因素，社会利益作为一项重要的衡量尺度，其价值远高于企业的盈利。不论是在何种意义上对企业社会责任加以定义，都不可缺少地包含着企业除了满足自身的盈利要求外，还要考虑相应的社会利益，并能够自觉地承担相应的社会义务，为社会作出应有的贡献。企业生态责任是在当下人类生产对自然资源的消耗与废弃物的排放急剧增长，工业文明下的企业生产方式所产生的负面影响日益暴露，人类环保意识的增强及由此产生的社会对企业关注度的普遍提高等情况下产生的，是随着环境责任的深入而出现的。企业生态责任的明确与落实将有助于保护自然与生态环境，缓解经济发展与资源、环境之间的矛盾，从而实现人与自然的永续和谐发展。

生态文明建设与生态文明的实现，有赖于与之相关的行为主体能够在自觉、自愿的前提下，对自然资源与生态环境的保护作出应有的贡献。企业在作为生产主体的同时，也是社会生态文明的建设主体，通过生态理念的运用、生态产品的生产、生态经营与管理理念的落实、企业生态文化的深化等途径践行自身所承担的生态责任，无疑将有助于企业作为这一意义上的主体，落实对自然资源与生态环境保护的责任和生态文明价值观培育的主体责任。因此，企业生态责任的落实是对生态文明价值观培育主体的有效补充，既为生态文明价值观培育增加了实践层面的保障，又通过绿色生产实践不断为生态文明价值观培育注入动力。

首先，企业要通过转变生产方式来落实生态文明价值观培育的主体责任。在很长一段时期内，发展中国家实际上是在重走发达国家的老路——认为大力发展生产是国家发展的根本途径，只顾经济发展，忽略资源与生态的保护的观念实际上是尚未厘清增长与发展的区别。单一的经济产值的增长，并非意味着人民的生活质量与生存环境就此得到了改善，也无法实现真正的社会全面发展。单足行走的结果必然是经济获得快速发展后的滑坡与衰退。因此，企业要获得长足的、可持续的经济发展，必须要改变以往进行生产活动时的不合理观念，调整企业生产方式，在生态文明理论的指导下，将对生态文明与物质增长之间的相关性的认识落实到企业生产的实践中来，走出单纯追求经济增长的误区，从思想的转变出发实现经济增加模式的转变，推动企业生产的可持续发展。

其次，企业要将生产的生态责任落实到每一个生产者。生态文明价值观的提出引导并规范着人们的行为。就企业生产而言，对于资源的节约与生态环境的保护究竟在何种程度上得到落实，在最基本的层面上有赖于每一个参与到生产过程中的个人。在生态文明逐步取代工业文明走向生产实践的今天，仍然存在一些个人或企业为一己私利而无计划地滥采乱挖，肆意排放等行为。这就要求企业在经营中建立集约经营、改进后期治理的、具有可持续性的生产体系。将企业生产的生态责任具体落实到每个个人，对于仍然出现的浪费资源、破坏生态环境的行为进行相应的惩处。

最后，通过催生企业新的生产观念，来落实生态文明价值观培育的主体责任。在生态文明下，企业必须兼顾经济效益与社会效益、环境效益的统一。在资源短缺、生态环境遭受严重破坏的今天，企业要获得进一步生存与发展的空间，占领更大的市场，就不能仅考虑生产规模的扩大，而必须考虑通过改进原有的生产工艺，减少生产过程中对资源的浪费及废弃物的排放。[①]

（二）环保社会组织

《中国社会组织报告》（2019）显示，截至 2018 年年底，全国共有

---

① 王玲玲：《绿色责任探究》，北京：人民出版社 2015 年版，第 64—66 页。

各类社会组织 81.6 万个，从社会组织的三大类型来看，2018 年社会团体总量为 36.6 万个，2018 年民办非企业单位（社会服务机构）总量为 44.3 万个，2018 年基金会总量达 7027 个。[①] 以上可以看出，社会组织已经成为生态文明价值观培育的重要支持力量，是对生态文明价值观培育主体的有效补充。

生态文明价值观培育的主要社会支持力量是各类环保社会组织。社会中介组织是指非政府性质的社会事务管理机构，指所有介于个人、企业、政府之间并起着为社会管理提供沟通、服务、监督作用的社会组织。培育生态文明价值观必须吸引社会中介组织特别是各类环保社会组织的积极参与，重视对各类环保社会组织进行正确引导，使他们成为拥护党的领导，热爱祖国，坚定不移的支持和参与中国特色社会主义事业建设的坚定力量。环保社会组织在国外被称作环境社会组织（ENGO）。在我国，环保社会组织的定义是，以生态环境保护为宗旨，非盈利性质的，不具备国家行政权力，能够为社会提供生态环境公益性服务的社会组织。20 世纪 60 年代《寂静的春天》发表之后，许多国家的环保志愿者就开始了旨在保护生命健康的各种环境运动；而中国直到 1972 年以前，无论官方还是民间，现代环境保护的意识都不强。1978 年，中国环境科学学会成立，这是第一家由政府部门发起的环保社会组织。1994 年，"自然之友"成立，这是中国第一家由民间发起的环保社会组织，是迄今中国最为著名的 ENGO 之一。我国民间环保组织与西方民间的环保组织相比，尽管起步较晚，但发展极为迅速。据民政部统计，截至 2017 年年底，全国共有社会团体 35.5 万个，其中生态环境类 0.6 万个。全国共有民办非企业单位 40.0 万个，生态环境类 501 个。[②] 这为生态文明价值观培育奠定了坚实的社会基础。随着环保社会组织的不断发展壮

[①] 于俊如：《2018 年我国社会组织增速下滑》，载《公益时报》，2019 年 7 月 16 日。

[②] 潘跃：《民政部发布〈2017 年社会服务发展统计公报〉》，载《农村百事通》，2018 年第 19 期。

大，中国的 ENGO 已经逐渐发展成为继政府、学校之后最重要的生态文明价值观培育主体。

实现社会组织对生态文明价值观培育的支持，还需要不断加强社会组织的自身建设。一是持续提升组织的专业化程度。国外多数环境社会组织，一般在自己所从事的环境保护领域，都拥有一支专业化志愿者队伍，具备很高的专业知识。其专业性体现表现为定期发起、组织环保宣传活动，将公民的生态文明价值观培育常态化。与之相比，我国的环境社会组织差距明显，很多方面都做得不够，诸如相关环境治理的专业能力、资源启用和组织管理等方面。所以，我国环境社会组织的发展应更加注重专业化而非大而全。二是加强与国外环保社会组织的交流。随着全球化时代的来临，环境问题已成为全球性事务，中国应积极应对环境治理参与主体国际化的问题。为实现人类社会的全面协调可持续发展，中国环境社会组织只有与其他国家共同合作才能解决当前所面临的国际性环境问题。① 国内环境社会组织可以向国外环境社会组织学习如何从政治、经济、文化、社会等多个角度分析和看待问题，积极地利用全社会的资源来更加有效的开展项目，这种合作的加深也为全球生态文明价值观培育起到了积极的助推作用。三是积极利用网络等新媒体资源扩大影响。环境社会组织应充分利用信息化带给人类的便利，更好地节约成本，培育中国公民的生态文明价值观，传播环境治理理念。要在自己的门户网站上及时发布更新环境保护信息，将环境保护意识根植于每一个人的内心，引导更多的人关注并参与环境治理活动。② 建立与传统媒体的良好关系，扩大自身的影响力，实现在公民心中认可程度的提升。

---

① 柴艳萍、王利迁、王维国：《环境道德教育理论与实践》，北京：人民出版社 2015 年版，第 343 页。

② Duit, Andreas, *State and Environment*：*The Comparative Study of Environmental Governance*, Cambridge：MIT Press, 2014.

四、家庭是生态文明价值观培育的基础

青少年成长生活的主要场所是家庭，在知识传授和技能培养外，更多的是为青少年提供融洽的生活氛围及健康成长所需的物质条件。因此，只有针对家庭生活的特点和孩子的身心发展规律，才能在家庭环境下有效的开展生态文明价值观培育，继而采取简便易行且行之有效的培养策略与方式。因此，家庭是生态文明价值观培育的基础，具体而言，应该从以下几个方面着手。

（一）潜移默化，在日常家庭生活中融入生态文明价值观教育

家风家教及家长的价值观念对孩子人生观、价值观的形成起到潜移默化的作用，家长是孩子第一位德育老师。家庭是一个特殊的教育环境，是少年儿童成长的场所，它不像学校那样是专门负责灌输思想、传授知识的教育机构。家庭教育成为以日常生活为主题，以亲子关系为纽带的生活化教育，显著特点是在家庭生活的方方面面体现相关教育理念，通过言谈举止潜移默化的影响孩子的思想和行为。在家庭环境中培育生态文明价值观，主要以维护环境卫生、爱惜粮食、节约水电、关爱小动物等与家庭生活息息相关活动为主要内容。因而需将节能环保等生态文明理念融入到日常生活的点点滴滴，使孩子易于理解，循序渐进的形成生态文明的良好习惯。例如，在用餐中，时刻提醒孩子要节约粮食，以言传身教的方式告诉他们浪费粮食的实质就是在浪费地球上有限的资源，在逛超市时，尽量减少一次性塑料袋的使用，言传身教让孩子明白减少"白色污染"的重要意义；同时，要将垃圾分类、节约水电、绿色出行、生态消费等良好的生态习惯，融入到日常生活之中，从而使孩子在日常生活中得到教育和熏陶。总之，家长在日常生活中逐步将各种日常化的生态文明理念传授给孩子，往往能起到润物细无声的效果。

（二）身体力行，在家庭生活中为孩子树立起环保节约的好榜样

让孩子在耳濡目染中，学会大人的生活方式与处事原则，逐步形成孩子自己的人生观、价值观、世界观。古人常说的"幼子常视毋诳""曾子杀猪""言教不如身教"等故事都说明在家庭教育中，家长有着树立榜样、以身作则的重要作用。因此，家长要身体力行，做孩子环保节约的好榜样，具体在家庭生态文明价值观教育中，家长要养成良好生活习惯，表现出对一虫一鸟、一草一木、一花一叶的人文关爱。同时，将浪费可耻、环保益多等生态观念自然融入与家庭成员的交流中。总之，家长要时刻以自己的实际行动来营造家庭生态文明价值观教育的良好氛围，保护环境、热爱自然，以此来熏陶孩子的思想与行为，使孩子能够树立起良好的生态文明价值观。

（三）赏罚分明，规范孩子在家庭生活中的生态文明行为

奖励与惩罚是家长们常用的教育手段。为强化孩子在生态文明方面的积极行为，同时抑制孩子的负面行为，需要在家庭教育中适当运用奖惩结合的方式，具体到家庭生态文明价值观教育，家长可以通过家庭会议与孩子约法三章，规定奖惩制度。[1] 对有助于孩子生态文明价值观形成的行为，给予适当的物质奖励与精神鼓励，在孩子的认知范围内帮助孩子培养良好的生态文明习惯。相反，也要制定符合孩子自身特点、有针对性的物质惩罚与精神惩罚。同时，奖惩的幅度要根据孩子的行为优劣程度来决定，并根据实际的执行情况随时调整奖惩方案，使激励措施行之有效。此外，还可以发挥各类先进典型家庭的示范引领作用。结合环境保护道德模范评选活动，围绕家庭关系中的亲子关系、夫妻关系、代际关系，开展好儿女、好伴侣、好父母等寻访评选活动。开展环保家

---

[1]　缪建东：《家庭教育学》，北京：高等教育出版社2009年版，第226页。

庭、和谐家庭、文明家庭等的创建活动，树立各类特色典型家庭，在生态文明建设中培育家风，培育公民生态文明价值观。

（四）亲近自然，在美好环境中培养孩子热爱自然的情怀

20 世纪 70 年代，英国环境教育学者卢卡斯在其著名的环境教育模式中也强调为了让受教育者更好地理解"关于环境的教育"内容，要在"在环境中教育"，从而达到"为了环境的教育"目的。当前不少地方生态环境污染严重，大气、水质、土地污染加剧等生态问题层出不穷，也有生态保护恢复良好、生态环境优美的地方，没有对比，就不能深刻体会好与恶、对与错，在对比中容易凸显环境教育的成效。家长可以带孩子到受污染的河边观察，到荒漠化地区考察，身临其境体验生态环境破坏所带来的危害；再带孩子到风景宜人、环境优美的地方感受自然之美，领略草长莺飞、鸟鸣山幽等自然风光，这样可以让孩子真切地去亲近自然、感受自然，在考察游玩中自然而然体会到人与自然和谐美好的重要①，产生对大自然的热爱之情，培育其生态文明价值观。

第二节　加强对公民生态文明价值观的引领与规约

一、提高公民对生态文明价值观培育的重视程度

提升公民对生态文明的认知，首先要使公民对生态文明价值观培育

---

① 杜昌建、杨彩菊：《中国生态文明教育研究》，北京：中国社会科学出版社 2018 年版，第 194 页。

的重视程度得到显著提升，否则公民普遍认为生态文明价值观培育主要是政府或其他主体的责任，与自己无关。

首先，抓"高度"。要让公民充分认识生态文明价值观培育工作的重要意义，将生态文明价值观培育工作融入自身工作当中。政府推进我国的生态文明建设要以培育的成效来衡量，以生态文明价值观培育工作的成绩检验生态文明建设工作的成效，以此来提升公民对生态文明的认知。

其次，抓"经度"。政府要严抓生态文明价值观培育的各项安排部署的落实情况，立足实际做好生态文明价值观培育工作培训，全面提升生态文明价值观培育人才队伍素质，形成系统上下同步聚焦、同向发力、同频共振的生态文明价值观培育工作氛围，将培育工作深入到街道、村镇，可以通过请生态文明专家、学者开设讲座等方式，将生态文明知识带到每家每户。

再次，抓"纬度"。坚持落实生态文明价值观培育工作以地方党委领导为主的要求，积极与地方环保部门沟通交流，强化横向联系，取得地方党委对生态文明价值观培育工作的指导和支持，将生态文明价值观培育工作做实、做细、做出成绩。

最后，抓"厚度"。发挥基层党组织和党员的模范带头作用，进一步优化党组织结构，以"三会一课"为抓手，大力开展"环境保护"主题党日等活动，将生态文明价值观培育工作作为锤炼党员品质的"熔炉"和提高党员修养的"练兵场"，切实从机制、阵地、活动等方面夯实生态文明价值观培育工作基础，构建培育工作的大格局，进而提高全体公民的重视程度。

二、强化生态文明教育体系的引领

从澳大利亚、美国等国环境教育的先进经验来看，无论是教学硬件设施、项目规划及实施，还是生态文明教学的目标以及师资培训都是建立在政府、学校、家庭和社会联合开发、实施的基础上。生态文明教育具有全民性和持续性，生态文明教育不仅需要学校承担教育责任，而且需要政府、学校、社会和家庭等共同参与，建立积极有效、协同合作的生态文明教育体系，来引领和提升公民的生态文明认知程度。

首先，政府是推动生态文明教育的主导力量。生态文明教育在我国是一种公共资源，其公益性的特点比较突出。因此，政府要保证生态文明教育的广泛分享，即生态文明教育不仅是面向青年学生，而且是面向各个层次的所有年龄的人，包括正规教育和非正规教育，使得生态文明教育对于青年乃至所有公众产生一种持久的影响。此外，政府还应该致力于形成生态文明教育供给主体多元化格局。① 生态环境问题实质上就是利益冲突，由政府的相关部门来协调和解决各方面的利益冲突，可以超越各种部门、地方和个体的局部利益和意志，通过中央权力强制性地贯彻关于生态文明教育的决策，纠正地方政府某些不合法的做法，这对于全国高校生态文明教育的取向和成效具有决定性的影响。政府的角色是营造良好的宣传氛围，健全体制机制，培育大学生正确的生态文明价值观。为开展"生态文明教育"，政府要提供"师资培训"，同时要为其提供"法律保障""基础研究"和"协调配合"。②

其次，学校是生态责任意识培育，是生态文明教育落实、环境保护等相关法律与政策普及的中坚力量。生态文明教育基础研究的重任需要高校来主动承担，在实施生态课堂、建设生态校园、发挥教师主导和学生主体作用等方面来体现学校教育的实施效果并形成可以推广的经典案例。既要加强各级各类学校的生态文明教育，将它纳入到教学计划之中，使之成为所有学生的"必修课"，作为发展生态文明教育的关键一

---

① 罗贤宇：《新时代青年绿色责任的伦理意蕴及其培育路径》，载《福建论坛（人文社会科学版）》，2018 年第 8 期。

② 罗贤宇、俞白桦：《价值塑造：协同推进高校生态文明教育》，载《教育理论与实践》，2017 年第 15 期。

步，可以在教务处或成立专门部门的支持下，开设有关生态文明课程的同时，又要发挥教师的主体与主导作用，可以通过组织参观生态文明教育实践基地，参加生态文明报告会和"生态文明理念与常识"专题辅导等多种形式，来提升师生对生态文明的理解。①

再次，生态文明教育离不开社会各界的支持，其核心就是环保组织，尤其是环保社会组织的支持。环保社会组织具有公益性、非营利性、组织性、志愿性，我国的环保社会组织应充分利用信息化时代带来的便利，传播绿色环保理念。② 社会团体尤其是环境保护类社会团体是生态文明教育的推动力量，他们也是生态文明教育能否实现的关键因素，为"生态文明教育"提供所需的"教学资源"，应充分利用互联网、云计算、大数据、QQ、微信、微博等技术和手段，要努力使他们成为生态文明教育的"推动器"，自觉承担高校生态文明教育的社会责任，构建完备的高等学校生态文明教育体系，从而全面推进生态文明教育。③

最后，家庭对于养育和教育下一代起着重要作用，它是传承家庭价值观、传播生态文化的基础环节。家庭要自觉承担起生态文明教育的责任，真正做到生态文明教育从小抓起。家长要以身作则，重视自己的一言一行，寓教于乐，针对孩子的兴趣进行施教。④ 家长在生态文明价值观培育方面扮演着重要的角色，家长可以通过传授给子女在环保方面的经验教训，并根据需要教导他们理性地使用自然资源，如电力、水和其他资源，以减少浪费，使他们能够更加负责地保护生态环境。家长还可以从保护自然和社会环境、努力培养子女健康成长出发，以思想教育、

---

① 罗贤宇、俞白桦：《价值塑造：协同推进高校生态文明教育》，载《教育理论与实践》，2017 年第 15 期。

② 罗贤宇：《新时代青年绿色责任的伦理意蕴及其培育路径》，载《福建论坛（人文社会科学版）》，2018 年第 8 期。

③ 罗贤宇、俞白桦：《价值塑造：协同推进高校生态文明教育》，载《教育理论与实践》，2017 年第 15 期。

④ 罗贤宇、俞白桦：《价值塑造：协同推进高校生态文明教育》，载《教育理论与实践》，2017 年第 15 期。

语言行动、家庭布置等手段，努力培养子女的生态文明价值观。在家庭培养初步的环境保护观念，可以为子女一生的生态文明价值观培育打下良好的基础，使他们未来不断加入到生态文明建设的工作当中来，一起形成对生态文明价值观培育的合力。①

三、规范公民生态环境行为

规范公民生态环境行为是提高公民对生态文明认知的重要举措，通过实践上升为理论，可以帮助公民在日常行为中注意自己的一言一行，慢慢转化为生态文明的思想自觉，使公民加强对生态文明知识的关注和学习。2018 年 6 月，我国颁布实施了《公民生态环境行为规范（试行)》，公民生态环境行为规范主要包括十个方面：呵护自然生态、关注生态环境、减少污染产生、分类投放垃圾、节约能源资源、践行绿色消费、选择低碳出行、参加环保实践、参与监督举报、共建美丽中国等。这一规范性文件贴近生活，可操作性强。例如，践行绿色消费，优先选择耐用品，购买绿色产品，减少过度包装商品和一次性用品的使用，出门自带水杯、餐盒、购物袋等，改造利用或捐赠闲置物品。而这些具体的生态环境行为规范，都有利于提升公民对生态文明的认知。

《公民生态环境行为规范（试行）》的编制和发布旨在推动生态文明价值观培育，在现代化建设中形成人与自然和谐发展的新格局，使公民生态环境意识得以强化，大力倡导绿色低碳的生活方式，积极引导公民参与生态环境责任，引导公民成为生态文明的践行者和美丽中国的建设者，携手共建天蓝、地绿、水清的美丽中国。我们还可以通过以下措施来规范公民生态环境行为。

首先，加强生态文明宣传教育，使生态文明价值理念内化于心、外

---

① 罗贤宇：《新时代青年绿色责任的伦理意蕴及其培育路径》，载《福建论坛（人文社会科学版)》，2018 年第 8 期。

化于行。要大力培育符合生态文明的社会风尚，使得民众的社会责任意识得以唤醒，让崇尚绿色环保、勤俭节约、保护环境、绿色生活成为一种习惯。应当将国民教育体系融入生态文明价值观，结合"熄灯一小时"、世界环境日、城市节水周等主题宣传活动，植入各式文化创意产品，开展互动式、浸入式的生态文明主题教育。

其次，优化绿色消费环境。在软环境上，进一步规范市场秩序，逐步完善绿色产品的销售渠道与信息发布平台。政府相关部门应强化对绿色产品的质量监督管理及市场准入，逐步建立科学合理的绿色产品标准和认定机制。在硬环境上，要提供更多的设施和场所为绿色消费服务。例如助力共享单车企业完善管理体系、在城市交通规划编制时融入自行车慢行系统等来提高公民绿色出行的比例。再如，为便利废物的回收利用，可探索建立管理规范、布局合理的废旧物品回收体系。

最后，大力倡导绿色消费。通过完善价格调节手段，实行阶梯水价、城乡阶梯电价、峰谷电价，适当提高商贸集中区的机动车停车收费标准，对部分奢侈品增收高额消费税，进一步强化和宣传国家制定的"禁塑令"等，通过上述措施，使公民践行绿色消费，进一步规范公民的生态环境行为。

第三节　厘定公民生态文明价值培育的内容

生态文明价值观培育的内容是生态文明价值观培育主体对客体实施培育的具体要素。根据生态文明价值观培育的基本结构中的和谐、公正、绿色、可持续性四大理念，本书认为公民生态文明价值观培育的内容包括建立符合自然生态法则的文化价值观、树立公平正义的生态法治观、践行满足自身需要又不损害自然的消费观、构建生态系统可持续发展下的生产观。当然公民生态文明价值观培育的内容不是一成不变的，它将根据时代的发展而不断更新，而培育的内容也将根据培育客体的具体情况作出选择。

一、建立符合自然生态法则的文化价值观

从个体来看，人的向善之心是建立符合自然生态法则的文化价值观的基础，领悟人与自然的和谐共生关系，崇尚热爱生命、尊重生命是人类自身发展的需要；从社会来看，将生命平等、热爱自然的观念提升为一种不同于人类中心主义的社会规范和人文情怀，是建立符合自然生态法则的文化价值观的产物。

对自然的尊重，与自然相统一，是人类文化建立的基础。如著名学者余谋昌所说："生态文化作为一种新的文化选择，它意味着人类在自然价值的基础上创造文化价值，可以在增加文化价值的同时，保护自然价值，实现两者的统一。"[1] 人类依赖自然、掌握自然规律，实现人与自然和谐共生，进而推动人类的生存与发展，在自然价值基础上实现文化价值。人类享有多样性的可开发的自然资源及生物的同时，也要承担维持自然资源开发的可持续性、确保生物多样性的责任与义务。因此，人类既是大自然的一份子，又是大自然的管理者、享用者和建设者。人类只有管理好自己才能真正管理好大自然。在过去相当长的发展时期，由于人类无法管理好自身，致使大自然被破坏和侵犯。因而，自然的悲剧其实是社会悲剧的延续，反过来又加剧社会悲剧。人类文化与自然的关系是辩证统一，这是人类生存的本质。人类的发展只有限制在自然资源承载能力的范围之内，接受自然法则的约束，才能享受物质生活，享有追求自由和幸福的权利。

在符合自然生态法则的基础上实现文化价值特别要注意：第一，人类活动不应侵害自然界。自然界是人类生存不可替代的组成部分。如生

---

① 余谋昌：《生态文化的理论阐释》，哈尔滨：东北林业大学出版社1996年版，第56页。

态系统的物质循环是维系生命存在的基础条件。第二，维护全球生态系统，特别是那些相对脆弱的生态系统（如湿地生态系统、草原生态系统等）表面对人类的价值较小，然而它们的存在对于地球生态系统是极为重要的，是全球生态系统的不可或缺的组成部分。全球性的生态危机，让我们意识到应当如何评价人类决策行为的是非对错，我们每一代人应当如何评价自己所创造的文明成就？要回答好这一问题，关键在于价值的取向、评判的标准。人类必须摒弃自我中心论和人类中心论，再造一种个人的内部世界和外部世界相协调的，经济社会与生态环境相统一，物质生活和精神世界相平衡的文化。重构文化价值，改变人的价值观念，扭转现实的生态危机，实现人与自然的和谐①，这也是生态文明价值观培育的重要内容。建立符合自然生态法则的文化价值观具有以下几个特征：

首先，符合自然生态法则的文化价值观是对近现代工业文明价值观的跃升。近现代工业文明价值观将人与自然、人与社会的主客体关系分离对立，将人的价值凌驾于自然价值之上。在人与自然关系上，以"人类中心"主义立场处理人与自然关系，是当今生态环境危机的思想根源；近现代工业文明价值观以个人主义为中心，追逐个人利益，罔顾社会利益，扼杀自然生态，这种价值观不仅带来生态危机和社会危机，而且还容易导致人自身本性的异化，以及人内在的身心冲突与精神危机。符合自然生态法则的文化价值观则作为对工业文明价值观的替代，必须克服个人主义的价值立场，肯定社会与自然的内在价值和整体价值，实现人与自然、社会的和谐共处。

其次，符合自然生态法则的文化价值观是古代有机整体论价值观与现代主体论价值观的辩证统一。现代文化价值观立足个体的人本主义价值观，崇尚人的理性，以人的现实物质生活需要为出发点，是一种主体

---

① 江泽慧：《生态文明时代的主流文化》，北京：人民出版社 2013 年版，第 148 页。

论价值观。而古代文化则注重人与社会、人与自然的协调，强调社会、自然整体的利益，因而在对待人与社会、人与自然关系上形成一种整体论价值观。在它看来，不是人从属于物质世界，而是自然万物的价值是人赋予的。因此，将现代文化人本主义价值观与古代整体论价值观有机结合，成就了当下符合自然生态法则的文化价值观。一方面，继承了古代整体论价值观，如古代天人合一观，强调人与自然的协调，注重社会、自然系统的平衡；另一方面，它发展了现代文化人本主义价值观，强调人的创造性及主观能动性的发挥，肯定了寻求物质生活需要的合理性。

最后，符合自然生态法则的文化价值观，反对机械论世界观将自然与价值相分离的观念，认为存在与价值相统一，是建立生态世界观理论的基础。人、社会、自然系统不仅是一个存在系统，也是一个价值系统。和人类社会一样，其他生命存在、生态系统同样具备自身的内在价值。生态系统的演化本就是一个价值增值和进化的过程，总是趋向于生成和发展出纷繁复杂的生命样式、价值形式，而人与其他生命的内在价值就是在生态系统演进过程中形成的。

二、树立公平正义的生态法治观

公正是法治的生命线。公平正义不仅是我们党治国理政的一贯主张，也是生态文明价值观培育的重要内容。"法者，天下之公器"，促进社会公平正义，离不开法治的有力保障。公平正义，是中国共产党带领中国人民矢志不渝的崇高追求，是中华五千多年文化传承的精神基因，是党和政府改革发展的一贯主张。党的十八大以来，在以习近平同志为核心的党中央坚强领导下，坚持全面依法治国，始终高举法治大旗，党中央从保障党和国家长治久安的战略高度出发，开拓了全面依法治国理论与实践的新境界。

当前，我国的生态文明建设尚缺少完善的体制机制保障。因此，在大力推进生态文明建设过程中，必须牢固树立公平正义的生态法治观，构建完备的生态文明制度体系，逐步推进生态文明建设各项重大制度不断完善。① 以习近平同志为核心的党中央领导集体，提出了要坚持全面依法治国，体现了对社会主义法治内在要求的深刻认识，反映了社会主义法治的价值取向。公平正义是当下和谐社会建设的重要内容及基本特征，更是社会主义法治建设的核心价值追求。实现社会主义的公平正义，需要能够使社会各方面的利益关系在现阶段社会发展水平的基础上得以妥善协调，切实保障每一个社会成员的基本权利及正当利益。

公平正义是一种整体性价值，需要在社会的各个方面实现。恩格斯指出："平等应当不仅仅是表面的，不仅仅在国家的领域中实行，它还应当是实际的，还应当在社会的、经济的领域中实行。"② 当然，公平正义又是具体的、历史的，因此，要在具体历史实践中推进公平正义。否则，仅仅停留在观念的程度上，空对空地谈公平正义，只能是"水中月，镜中花"。按照马克思的社会有机体理论，整个社会就是内含了经济、政治、文化等多维度、多要素的不可分割的有机体。公平正义的实现不可能仅仅在某一个领域独立地实现，它只能在经济、政治、文化和社会交往的过程中得以实现。生态正义也如此，它既是生态文明建设过程中的重要目标价值取向，也是整个社会公平正义的一个重要方面。③ 因此，公平正义的生态法治观是公民生态文明价值观培育内容的重要组成部分，其核心理念是坚持环境公正，公正是生态文明价值观培育的基本前提。

树立公平正义的生态法治观，就是将环境视为全民的环境，生态环境保护成为全社会共同的使命和任务。以法律的强制性手段来保障生态

① 于洋：《牢固树立生态文明观的价值意蕴》，《辽宁日报》，2017 年 7 月 25 日。
② 《马克思恩格斯选集》第 3 卷，北京：人民出版社 2012 年版，第 484 页。
③ 廖小明：《生态正义——基于马克思恩格斯生态思想的研究》，北京：人民出版社 1995 年版，第 48 页。

文明价值观培育的实现，是对一个法治社会的基本要求，也是公民培育生态文明价值感的应有之义。强化人们的法律观念、环境保护意识和维权意识是法律发挥作用、促进树立公平正义的生态法治观的关键。环境保护法律法规的制定和完善、环境保护目标的确立等是在环境问题上催生法律意识和生态意识的重要标志。这种新意识的形成，其主要来源在于人们对以往人类活动违背生态规律带来的严重不良后果的反思，对现存的严重生态危机的觉醒，对人类可持续发展的关注以及对保护地球和子孙后代生存与发展的责任感等。坚持树立公平正义的生态法治观，履行保护环境的义务，对社会上出现的违背全球环境共同利益的各种破坏等丑恶行为，要敢于进行批评、揭露和斗争。对有利于生态环境发展的活动要积极支持和参加。如全民植树等。如果全社会坚持生态正义，履行生态义务蔚然成风，那么许多破坏环境的偶然事件就可能被阻止于初始之际，不会出现难以收拾的局面。如森林大火、污染水源、偷伐树木以及偷猎珍贵动物、嫁祸他人转移污染物等就不会或者很少发生。

在大力开展依法治国、建设社会主义政治文明和法治国家的进程中，必须充分认识公民树立公平正义的生态法治观的重要意义，抓紧抓好这项工作，不能有丝毫的忽视和放松。树立公平正义的生态法治观是公民进行社会主义民主法制教育，培养公民树立社会主义法律意识，增强生态法制观念，是实现依法治国的重要途径。总之，只有全社会成员具有较强的法律意识，掌握系统的生态法规，树立公平正义的生态法治观念，才能真正培育生态文明价值观。

三、践行满足自身需要又不损害自然的消费观

践行满足自身需要又不损害自然的消费观指一种在不妨碍自然发展、损害后代利益的前提下，能够满足自身需要、满足当代人需要的生活模式，也就是说人的追求不再是一味的对物质财富的享受。这是一种公平与共享的道德，已成为人与人、人与社会、人与自然和谐永续发展

的重要规范。

公平消费模式是实现满足自身需要又不损害自然的消费观的主要模式。在自然—人—社会复合生态系统层面，要求在进行个人消费和社会消费时，也要满足自然生态平衡所需的消费，反哺自然、善待自然。在社会层面，要求在资源配置和利益分配中实现代际和代内公平；在个人层面，要避免"人类中心主义"的消费观，树立"生态整体主义"的消费观。因此，生态文明价值观是通过树立满足自身需要又不损害自然的消费观，突破以往狭隘的消费关系，实现人与人、人与自然、人与社会在消费上的公平与和谐。

从历时性角度来看，生态文明代替工业文明，就要从根本上改变工业文明时代落后的生产与消费方式。生态文明建设对消费方式的要求，概而言之就是要推进消费方式的生态化，通过消费方式的生态化形成满足自身需要又不损害自然的消费观。科学认识地球资源及生态环境承载容量的有限性，就是要扬弃工业文明时代破坏生态、反生态型的消费方式，而不仅仅是简单的认同与回归。因此，要批判和抵制一切不利于资源节约、环境友好的消费"陋习"，大力倡导适度消费、文明消费和绿色消费。

20世纪90年代联合国环境规划署发布的《可持续消费的政策因素》指出，可持续消费是"以满足人类的基本需求、提高生活质量为出发点，在提供服务以及相关产品的同时将对自然资源有毒材料的使用降到最低，在产品及服务的使用周期中，将所产生的废弃物、污染物最小化，从而不侵害后代的需求。"具体而言，满足自身需要又不损害自然的消费观应包含以下三个方面的内容。

第一，在消费的数量上，要推行适度消费，杜绝消费过度。"过"或"不及"的消费都会对环境产生压力。在发达国家，典型的畸形消费形式就是过量消费，即超过人的基本需要的消费。社会应谴责过量消费，同情缺量消费。因此，环境的破坏根源在于人们没有找到一种介于过量与缺量之间的适度消费模式。人们要想正确把握合理消费的"度"，取决于以下几个因素：一是塑造良好消费文化，"更多并不意味着更好"（艾伦·杜宁）是这一文化的基调；二是建立恰当消费需求，古代道家的"知足常乐"是一方良药。艾伦·杜宁相信："通过道德的接纳来降低消费者社会的消费水平、减少其他方面的物质欲望，是个理想主义的结论。尽管它与几百年的潮流相抵触，然而它可能又是唯一的选择。"[①]与此同时，要力促贫困地区的消费水平的提升，维持适当的增长幅度，增强消费仍然是提高这些地区公民生活水平的主要手段。

第二，在消费的方式上，反对奢靡消费，要践行文明消费。过量消费不是为了维持生存保障发展的基本需要，其本质是奢靡消费。这是一种张扬丑恶人性的"恶性消费"，它追逐潮流与时尚，"虚荣消费"是一种只为彰显身份和地位的"荣誉消费"。从表面上来看，这是不合理需求被煽动激发造成的，实质上则是人们扭曲的消费欲望、价值观、道德观的物质表达。当社会宣扬纸醉金迷式的消费模式后，人们认可了这一消费价值观，逐渐认可了这种满足感官刺激的过度消费模式，重外在的物质享用，而忘却了内在的精神充实，形成了任凭物质需求摆弄的"单向度的人"。

文明消费就是要在简单的生活中"培养深层的、非物质的满足"，减少人们的物质需求。简朴生活不是禁欲的自我克制，而是反对纵欲的奢靡消费，这是一种积极平和的生活理念，应予褒扬与弘扬。在西方发达国家已有一部分人在进行自愿的简朴生活试验，追随的是一种非消费的人生哲学。这一素朴生活模式，对于长期处于高消费圈的多数西方人来说，也许是一种可望不可即的理想，但它所传递出来的"物质简单些，精神丰富些"的消费价值观却尤为值得推崇。文明的新生需要去除

---

① ［美］艾伦·杜宁：《多少算够：消费社会与地球的未来》，毕聿译，长春：吉林人民出版社 1997 年版，第 8 页。

奢靡，这样地球才能太平。①

消费只为满足虚假的需要及不断膨胀的欲望，并不是为了自我实现和人的全面发展。从外因看，外界的刺激与煽动引导人的不合理需求，继而造成奢靡消费。因此，人的消费行为应当是建立于科学理性思维基础上的自觉行为，本质上是一种道德行为，而不是非理性的盲目行为、低俗行为、野蛮行为。人的生活及生产都是相互影响、相互制约的，都会对他人、对社会产生不同程度的影响。社会责任感强、道德品质高尚的人，厉行节约，会以严苛的道德来约束自己的消费过程。所以，需要强化消费道德意识来助推文明消费的形成。②

第三，在消费的内容上，要推行绿色消费，抵制有害消费。生产性消费与生活性消费是消费的两个大类。工业时代的消费往往直接导致公害发生。因而，要明确反对生产活动中的有害消费以及生活中的污染消费，施行绿色消费。生产性绿色消费要求使整个生产过程按照环保要求来操作，开发与设计的绿色化，原料及能源的无害化，生产过程的无害化，包装及销售的绿色化。生态产业，作为一个重要的产业部门被催生出来。产业生态化是人类继农业革命、工业革命之后的第三次产业革命，正在形成一个包括生态工业、生态农业、生态林业、生态牧业、生态渔业等在内的生态化产业体系。

产业生态化是生活性绿色消费的根本前提。生活性绿色消费要符合"3E"原则即 Economic（经济实惠）、Ecological（生态效益）、Equitable（平等公正）。它涉及人们的衣、食、住、行等各个领域。从服装饰物、化妆品、洗涤品等生活用品到饮水、食品、烹调等饮食结构，从生态居室到环保交通、处理垃圾等均要求人们一方面要注意它们必须对自身的健康有益，另一方面要有利于环境保护。生态危机引发的人类生存危机

---

① 曾建平：《寻归绿色：环境道德教育》，北京：人民出版社 2004 年版，第 232 页。
② 曾建平等：《消费方式生态化：从异化到回归》，长沙：湖南师范大学出版社 2015 年版，第 181—184 页。

催生出绿色生活消费需求，也是对过去奢靡消费、过度消费渐趋厌恶的结果。因此，绿色消费是一种新的生活方式，其以简朴、方便、健康为特征。它的出现，既有益于人类自我和社会的健康发展，又有益于自然生态保护。这是保护环境、爱护地球家园的具体行动，是在个人家庭中践行可持续发展战略。过去的有害消费必将被绿色消费所取代，它不仅是改变了消费模式，也是实现地球生态的稳定可持续的必由之路。

四、构建生态系统可持续发展下的生产观

基于科学认识生态系统的有限性、不可完全预测性及有弹性原则，构建生态系统可持续发展下的生产观。人类在综合利用自然资源进行生产劳动时，在遵循生态系统可持续的前提下，形成生态化的产业体系，使生态产业成为经济增长的主要源泉。从劳动者与生产者在生产过程中的简单性追求，发展到生态系统在生产过程中最少损耗，寻求生产与生态系统平衡。它的特征是在产品的生产，在原料开采、制造、使用中，对资源的消耗最少，对环境影响最小，资源的再生循环利用率最高，实现生态系统的可持续发展。

生态文明价值观培育要求催生新的生产观念。在生态文明价值观要求下，企业生产必须兼顾经济效益与社会效益、环境效益的统一。在资源短缺、生态环境遭受严重破坏的今天，企业要获得进一步生存与发展的空间，占领更大的市场，就不能仅考虑生产规模的扩大，而必须考虑通过改进原有的生产工艺，减少生产过程中对资源的浪费及废弃物的排放。在生态文明逐渐深入人心的今天，企业生产还需要注重产品的质量与绿色产品的生产，而非仅仅是数量上的提升。生态文明促使企业发展在思想上与观念上发生转变，落实生态文明价值观，将有助于企业在改变传统生产观念的基础上从根本上改变生产方式，推动经济与生态效益的和谐发展。对于企业自身来说，生产过程中对资源节约与生态环境保护的技术、资金投入，从长远来看并不影响企业创收，其间更有助于企

业获得良好的生存与发展环境，促进企业的可持续发展。①

第四节　搭建公民生态文明
价值观培育的载体

生态文明价值观培育的载体的具体表现形态多种多样，从不同的方位、不同的角度审视，可以把它们分为多种不同的类型，主要分为管理载体、活动载体、文化载体、传媒载体等。本书认为可以从以下几个方面来搭建丰富的生态文明价值观培育载体，鼓励引导公民积极参与。

一、管理载体：发挥党团组织的优势

管理是以人为中心的协调活动，是为了实现社会组织的预期目标，生态文明价值观培育离不开管理，管理是生态文明价值观培育的保证与支撑。生态文明价值观培育的管理载体就是把生态文明价值观培育内容寓于管理中，寓于人们的具体工作之中。在生态文明价值观培育过程中最常见的管理类型有组织管理、制度管理、生活管理等。组织管理以组织本身为对象，把握组织要素的变化，以期掌握管理的规律性，最后实现组织的合理性运行。与社会组织相比，党团组织拥有更多制度化的政治参与渠道。在与社会组织同台竞争时，无论是争夺一个具体项目，还是吸引一个普通群众的参与，党团组织都更容易被认为是政治上可以信赖的、代表了社会发展的主流与方向的。应充分发挥党团组织的组织优势，以党团组织促进生态文明价值观培育是当代中国培育公民生态文明价值观的重要任务。

首先，广泛宣传，增强党团组织的凝聚力。加强和改进党团组织工

---

① 王玲玲：《绿色责任探究》，北京：人民出版社 2015 年版，第 64—66 页。

作，就是要把党员、团员和群众更好地宣传动员起来，为培育生态文明价值观而共同奋斗。现阶段，我国提出了实现美丽中国的宏伟目标，要实现美丽中国梦，需要增强党团组织工作宣传，使各组织团结在党的周围，为实现"美丽中国梦"而奋斗。

其次，强化监督，增强党团工作的公开化、民主化。要形成对党团生态环保工作的有效监督，让党团生态环保工作在"阳光下"运行，使其公开化、透明化。不仅要做好党团生态环保工作的内部监督，还要做好党团生态环保工作的外部监督，让广大群众和社会媒体通过不同的方式进行监督，使党团生态环保工作公开化、民主化，为生态文明价值观培育提供组织保障，建立完善的保障机制。

最后，维护群众合法的环境权益。加强和改进党团工作，就是把群众的合法环境权益代表好、维护好、发展好。当前，经济体制、社会结构、利益格局、思想观念面临深刻变革。党团组织应当成为群众利益的代言人，做好党团工作的服务质量和服务效率，哪里的群众合法环境权益受到侵害，哪里的群团组织就要帮助群众通过合法渠道合理伸张利益诉求，真正做到"权为民所用、情为民所系、利为民所谋"，为生态文明价值观培育全面提供优质高效服务。因此，党团组织要及时帮助群众去维护自身的环境权益，引导群众通过合法的渠道、正常的途径来维护，这有利于帮助公民树立生态意识，培育公民生态文明价值观。

二、活动载体：积极开展生态环保实践活动

活动是由共同目的联合起来并完成一定社会职能的动作的总和。所谓生态文明价值观培育的活动载体，以实现生态文明价值观培育为目的，专门设计和开展的有计划、有组织的活动。[①]"寓教于行"源于

[①] 《思想政治教育学原理》编写组：《思想政治教育学原理（第2版）》，北京：高等教育出版社2016年版，第236页。

"行动学习法"，由英国管理思想家雷格·瑞文斯 1940 年提出，20 世纪 80 年代被引入管理教育。寓教于行，就是强调通过活动载体，即通过行动、通过实践、通过开展生态文明价值观培育活动，达到培育的目标。生态文明价值观培育可以通过以下几种活动方式实现。

一是生产活动方式。马克思指出："生产劳动和教育的早期结合是改造现代社会的最强有力的手段之一。"[1] 马克思认为，"生产劳动同智育和体育相结合，它不仅是提高社会生产的一种方法，而且是造就全面发展的人的唯一方法。"[2] 因而，生产活动方式，是教育和磨炼人们最为重要的方式。生态文明价值观培育要求我们通过生态化生产活动方式来开展，例如发展生态产业、循环产业等。

二是实践活动方式。马克思认为，"全部社会生活在本质上是实践的。"[3] 作为活动的社会实践主要指社会调查活动，也称社会调查研究活动，是指围绕人们普遍关心的社会热点问题开展调查，直接从社会现实中收集第一手的相关信息资料的过程。社会实践活动一般分为两大类，一是为解决理论或政策问题的理论调查，二是为解决实际问题的工作调查。社会实践活动常常采用走访法、座谈法、问卷法、观察法等进行。社会实践活动是培育公民生态文明价值观的重要途径。社会实践中，公民可以亲自见证社会的变迁，感受生态文明建设和美丽中国建设给中国带来的变化，以及这种变化投射在人们心理上的映像。以社会实践活动见证生态文明价值观，符合公民思想观念形成与发展的基本规律，具有重要意义。[4]

三是志愿服务活动方式。志愿服务是指发挥自己的技能与资源，利用自己的时间与善心，为社区和社会提供各式非功利性、非营利的援助

---

[1] 《马克思恩格斯选集》第 3 卷，北京：人民出版社 2012 年版，第 377 页。
[2] 《马克思恩格斯选集》第 3 卷，北京：人民出版社 2012 年版，第 710 页。
[3] 《马克思恩格斯选集》第 1 卷，北京：人民出版社 2012 年版，第 135 页。
[4] 郑永廷：《思想政治教育方法论》，北京：高等教育出版社 2010 年版，第 175 页。

行为，它是一种非政府系统的组织行为和服务行动。志愿服务涵盖的范围十分广泛，包括保护环境、改善福利、促进建设、加强教育、保障卫生等都可以作为志愿者为他人或社会服务的内容。① 因此，志愿服务活动，也可统称为志愿活动，是指在自愿的基础上，为社会上需要帮助的人或群体，义务提供人力、物力、财力等帮助的各种公益慈善活动。我国要引导公民把参加志愿服务活动与生态文明价值观培育有机结合起来，提升志愿服务活动的高度，丰富志愿服务活动的内涵。志愿服务活动在生态文明价值观培育中具有独特的优势，因此，在组织开展公民环保志愿服务活动时要注意以下几点：首先，要创新主题。志愿活动在我国历史较短，尚未组织化、规范化和系统化。应敏锐地看到环保志愿服务活动在引领与培育生态文明价值观中的作用，倡导"志愿活动无大小之分，人人可做志愿者，生活处处是志愿活动"的理念，增添环保活动主题，拓宽环保活动领域。其次，要投入真感情。参加环保志愿服务活动的人，奉献自己的劳动、物力、财力、时间，不图任何回报，他们的动力来自于志愿者精神。志愿者精神是一种爱，是一种真情，是契合生态文明价值观的崇高价值观。环保志愿活动能够顺利的开展下去，靠的就是这一种精神。但是，实践中免不了有功利主义的作风，个别人参加志愿者活动是做给别人看的，具体行动也敷衍了事。这种做法，不仅浪费自己的时间，而且严重影响着周围人参与环保志愿服务的热情和志愿精神的传递，也谈不上有什么教育意义。② 组织者在开展活动时要及时发现类似问题，纠正这种不良风气，保证志愿服务活动的顺利进行。

三、文化载体：大力弘扬生态文化

文化是指人类在社会实践过程中所获得的物质、精神的生产能力和

---

① 郑永廷：《思想政治教育方法论》，北京：高等教育出版社 2010 年版，第 175 页。
② 李纪岩：《引领与培育——当代大学生核心价值观生成的基础问题研究》，北京：光明日报出版社 2018 年版，第 64 页。

创造的物质、精神财富的总和。生态文明价值观的文化载体，是指为提高公民的生态文明素质，培育生态文明价值观，所可以充分利用的各种文化氛围与产品。生态文化是以人与自然、人与人、人与社会的生态关系为基本对象，以生态理念为价值导向的文化形态，其核心价值观包括四个方面的内容。第一，人类各项实践活动永续和谐发展的基本条件是生态环境，是人类可以共同享受的经济社会发展的终端成果，优美的生态环境已经成为最公平的公共产品，是普惠大众的民生福利；第二，生态环境也是生产力，因为生态环境是影响着生产力结构、布局和规模的一个决定性因素，直接影响着生产力系统的运行和效益。第三，生态文明建设也是政绩，这是一种新的生态政治文化理念，要把生态文明建设内容列入对干部的政绩考核指标，改变过去那种只看 GDP 指标的考核方式，各级党委、政府要贯彻落实好体现生态文明要求的执政观；第四，生态兴则文明兴、生态衰则文明衰，生态环境本身优良与否，与当地的文化繁荣、文明兴衰有密切关系。生态文化的行为准则包括：尊重自然、顺应自然、保护自然。保护环境要靠自觉行为，人人都要实现高度自觉、主动担当起应尽的责任，将环境保护落到实处；树立生态和环境保护的红线意识，严格实施红线制度；决不走先污染后治理的路子；不应"竭泽而渔"，也不应"缘木求鱼"，而是要实现经济发展和生态建设"双赢"。生态文明理念强调人与自然共存共生的生态价值观，这与中国传统生态文明思想如"天人合一""仁爱万物""道生万物，德育万物"等相契合，与社会主义核心价值观中的文明、和谐、平等、友善等理念相通相融，相得益彰。①

习近平总书记强调，"要化解人与自然、人与人、人与社会的各种矛盾，必须依靠文化的熏陶、教化、激励作用，发挥先进文化的凝聚、

---

① 国家行政学院编写组：《〈建设美丽中国〉学习参考》，北京：人民出版社 2015 年版，第 142—145 页。

润滑、整合作用"。① 充分发挥生态文化的作用，可以达到"润物细无声"的效果，促进生态文明价值观培育。因此，弘扬生态文化是培育公民生态文明价值观不可或缺的方法，只有全体公民都增强了生态文化自觉，生态文化才能在全社会扎根，才能真正地促进公民生态文明价值观的培育工作。我们应通过以下途径来弘扬生态文化。

（一）培育公众参与的生态文化氛围

习近平强调在公众中普及生态文化理念，在全社会达成参与生态文化建设的共识。要推动全民参与构建生态文化，使之成为全民的事业。近年来，随着社会环保组织不断成立，公众参与生态文明建设的热情持续高涨，良好的生态文化氛围日渐形成。公众积极参加官方的环境影响评估、环境听证会等对政府环境政策决策起到监督和影响作用的活动，人们在关注这些行为时，也会关注社会生态权益是否得到最大化；反过来，生态文化普及也有利于促进生态环境建设，相关领域专家可以针对公众关心的问题提出自己的见解与对策。为培养公众积极参与的生态文化氛围，鼓励公众积极参与生态环境建设，政府应做好引导，将民众关心生态环境的热情逐步转化为良好的生态文化氛围，共同推动关心生态文化建设。政府要采取积极有效的措施，培养公众对爱护环境、建设美好生态的认同度，从而培育环境友好的文化氛围。政府还应制定政策，加大对公众参与生态文化建设的扶持与管理力度，鼓励公众和民间团体发挥积极作用。重视生态文化的普及宣传，培育生态文明的主流价值观。要以科学的态度重构全方位生态教育体系，强化生态文明宣传教育，培育正确的生态文化观，让社会具备基础的生态文化知识，使之正确认识人与自然的关系。使生态文明理念深入人心，发挥生态思想的教化功能，启发人对生命、对生活的美好向往，以正确的价值观激发美丽

---

① 习近平：《之江新语》，杭州：浙江人民出版社 2007 年版，第 149 页。

中国建设动力。

（二）推进生态文明制度机制建设

一方面，通过文化传播，增强人们的生态文明价值观。加强文化传播，利用舆论，让人民充分认识保护生态环境的重要性，促使人们自觉地调整、节制其影响生态的行为，构筑完整的生态道德观，在生态文明建设中发挥道德的规范、约束作用，用"道德自律"约束人民的生产、消费行为。另一方面，要提升生态文明建设的领导力。首要的是构建与完善生态文明的政策法规和体制机制，强化法治管理制度，提高生态文明制度和决策的执行力。将生态文明指标体系和考核办法纳入地方党委政府绩效考核、积极探索和鼓励以社区为基础的基层环保模式等①，通过以上手段来构建有利于弘扬生态文化的政策法规和体制机制，切实有效的推进我国公民生态文明价值观培育工作。

四、传媒载体：正确利用新媒体平台

信息化时代，以互联网为载体的各类新媒体给人们的日常生活带来了极大的便捷，呈现出"媒体皆人人，人人皆媒体"的发展态势，满足了人类获得更多信息的欲望，同时也对人们传统的行为方式和价值认知观念发起了挑战。新媒体形式多样，主要包括数字报刊、数字视听设备、手机彩信、移动电视、桌面视窗、触摸媒体、博客、QQ、微博、微信、网络游戏，等等。这些新媒体与传统媒体相比有着诸多新特点，归结起来主要体现为：信息传输更迅捷，感官感受更丰富，影响范围和程度更广泛、更深入。而新媒体对生态文明价值观的传播与弘扬，有利也有弊。因此，培育公民生态文明价值观要充分认识以互联网为载体的各

---

① 国家行政学院编写组：《〈建设美丽中国〉学习参考》，北京：人民出版社 2015 年版，第 142—145 页。

类新媒体的地位和作用，主动占领互联网阵地，正确利用新媒体平台扬长避短、趋利避害。

首先，要善于利用新媒体对公民"灌输"，正面宣传生态文明价值观。这不仅是正当的，而且是必需的。单纯的硬性的理论灌输往往起不到预想效果，但借助新媒体辅之以心理诱导，就可以激发公民接受生态文明价值观的主动性与自觉性。新媒体是新的技术支撑体系下出现的媒体形态，如手机媒体、移动电视、互联网新媒体、数字报纸等。新媒体信息传播的速度非常快，人们可以通过手机、电脑或者其他智能终端能够快速发布信息和及时接收信息，这为及时有效的正面宣传生态文明价值观提供了有利的条件。

其次，依托新媒体营造公民生态文明价值观教育的立体网络阵地。在新媒体环境中，如果我们不去抢占并稳固把握价值观教育阵地，各种不利于培育生态文明价值观的思想就会去占领。为此，必须着力打造覆盖面广、影响力大、引导力强的新媒体网络阵地。建设生态文明价值观教育的立体网络阵地，要善于运用新媒体做好公民的思想引导。面对新媒体环境的挑战，我们应根据公民价值观念发展的新趋势，针对公民的特点，以通俗便捷且喜闻乐见的形式构建生态文明价值观教育的网络载体与平台。同时，要把新媒体运用到公民生态文明价值观教育评议系统中去。凭借新媒体，所有公民生态文明价值观教育的参与者都能够全面系统地了解、记录、评价和反馈公民生态文明价值观状况。[1]

最后，丰富新媒体的多种方式。随着时代的发展，传统媒介已逐渐被微信等新兴媒体所取代。新媒体以全新的现代信息技术加速了生态文明价值观的传播。公民生态文明价值观培育内容的呈现形态，开始从平面走向立体，从现实走向网络，由枯燥转为生动。生态文明价值观传播的形式被扩展，微信、微博、博客、论坛等就是这种传播方式的真实写

---

[1] 李纪岩：《引领与培育——当代大学生核心价值观生成的基础问题研究》，北京：光明日报出版社 2018 年版，第 67—68 页。

照，这些新媒介正在以一种崭新的教育载体走进公民的生活。① 因此，公民生态文明价值观要充分利用新媒体平台，开展丰富多彩的生态文明价值观培育活动，可以取得事半功倍的效果。

第五节　构建良好的培育制度环境

公民生态文明价值观培育离不开良好的培育环境。生态文明价值观培育环境既有宏观环境，诸如政治环境、经济环境、文化环境、大众传播环境等；也包含微观环境，诸如家庭环境、社区环境、学校环境、社会组织环境等。

优化生态文明价值观培育环境，可以变消极因素为积极因素，从而充分利用环境中的积极因素，使环境成为生态文明价值观培育的促进因素，以充分发挥其对培育对象的感染熏陶作用。人的价值观念都受到环境的影响和制约，然而人的主体性特点又决定人可以积极能动地作用于环境，通过社会实践活动改变环境。同样，生态文明价值观培育也可以通过多方面活动改变社会环境，优化社会环境，营造有利于公民生态文明价值观培育的社会环境。因此，可以从以下几个方面来优化公民生态文明价值观培育的环境。

一、优化培育的经济环境

良好的经济环境是公民生态文明价值观培育的基础条件。大力优化经济环境，为公民生态文明价值观培育顺利进行创造良好的经济条件，是新时期公民生态文明价值观培育的重要任务。首先，要全面深化改

---

① 段妍：《比较视域下当代大学生核心价值观培育研究》，北京：人民出版社 2016 年版，第 185 页。

革，大力发展生产力，不断提升我国的综合国力。这是因为生产力是我国社会全面发展和人的全面发展的基础，也是开展公民生态文明价值观培育的基础。因而要加快发展社会主义市场经济，为新时期公民生态文明价值观培育奠定稳固的经济基础。其次，要建立社会主义市场经济新秩序。良好的经济秩序是生态文明价值观培育活动有序实施的前提和基础。而混乱的经济环境，必然导致经济行为的无理性，价值观念也容易出现各式各样的问题。因此，必须加强市场经济建设，建立统一开放、竞争有序的市场体系，理顺各种经济关系，努力营造建立在法制基础上的市场经济新秩序，为我国经济活动的良性运行以及经济伦理乃至整个价值观体系的建立创造良好的条件。最后，要坚持效率优先、兼顾公平的分配原则，在全社会建立和谐的利益关系。"思想一旦离开利益，就一定会使自己出丑。"[①] 因此，必须坚持以人为本，不断协调社会各方的利益关系，持续缩小收入差距，加大社会保障制力度，为公民生态文明价值观培育活动和人的全面发展创造良好的经济环境。[②]

优化经济环境主要依靠社会宏观管理部门和全社会的努力，但公民作为生态文明价值观培育客体本身对此也负有责任，也要有所作为。生态文明价值观必须通过调动广大群众的积极性、主动性和创造性，使其更好地参与社会主义现代化建设，以促进我国生产力的发展；通过培育广大群众的生态文明价值观，规范其经济行为，更好地促进社会主义市场经济新秩序的形成；通过帮助人们正确处理经济与生态之间的利益关系、人与自然的关系，协调具体的利益矛盾，促进合理的利益关系的形成等。公民生态文明价值观培育不能消极等待，而要积极躬身参与优化经济环境的活动，从而推动公民生态文明价值观培育经济环境的优化。

生态文明价值观培育需要充足的教育经费投入，否则培育实践活动

---

① 《马克思恩格斯文集》第 1 卷，北京：人民出版社 2009 年版，第 286 页。
② 陈万柏、张耀灿：《思想政治教育学原理（第 3 版）》，北京：高等教育出版社 2015 年版，第 117 页。

将寸步难行。国家为此需要按照分级负责，分级投入的原则，完善资金保障措施，建立健全专项资金投入渠道，探索新型培育资金投入机制，以便顺利实施培育工作。作为全民性和公益性活动，生态文明价值观培育，政府是教育投资与基础设施建设的主体角色。因此，政府需把这项投资纳入公共财政预算体系，并使之成为规范性的制度，以便从整体上加大对生态文明价值观培育的投资力度。各地方政府应持续通过资金补助、政策扶持等方式推进本地区生态文明价值观的培育工作，特别要优先将学校建设成生态文明价值观培育典范。同时，企业对生态文明价值观培育投资的积极性也必须得到引导，实现自身的经济效益与社会效益、生态效益的共赢，并且成为企业一笔长期的无形资产，使其认识到投资生态文明价值观培育事业大有可为。① 此外，生态文明价值观培育资金的重要来源还包括社会知名人士的捐助、国际重要环保组织的援助等。实施生态文明价值观培育工程，必须具备充足的资金作保障，为顺利在家庭、学校、社会中开展生态文明价值观培育提供坚实的经济基础。

二、营造良好的宣传氛围

习近平总书记强调，生态文明建设同每个人息息相关，每个人都应该做践行者、推动者。要营造生态文明的良好舆论氛围，培育公民生态意识，加强生态文明宣传教育工作，加速推进公民生态文明价值观培养。宣传教育和舆论引导是开展社会动员、发动全社会行动的主要方式。因此，要加强生态文明价值观的宣传教育和舆论引导工作，画出最大同心圆，找出最大公约数，共筑命运共同体，组织动员全社会力量，构建公民生态文明价值观培育的统一战线。

---

① 杜昌建、杨彩菊：《中国生态文明教育研究》，北京：中国社会科学出版社 2018 年版，第 163—168 页。

首先，政府要加强生态文明的宣传教育工作。在宏观层面上，营造生态文明的良好舆论氛围需要国家、全民的努力，要切实加强生态文明宣传教育工作的领导。在中央相关部门的领导下，健全生态文明体制机制，发挥我国集中力量办大事的政治优势，设置专项经费提供保障支持，形成政府主导、多方配合、协同推进的宣传工作格局。将生态文明宣传教育工作纳入相关部门及领导干部考核体系，制定明确的考核指标，有序整合宣传资源，构建完善的宣传教育体系，使生态文明宣传教育工作更加规范和有效①，营造宣传生态文明的良好氛围。

其次，要与新闻媒体加强合作。新闻媒体的"同盟军"作用应当得到有效发挥，立足新闻媒体的信息服务与合作，主动发布权威信息，及时受理采访，共同引导社会舆论导向。与新闻媒体建立良好互动关系，加强沟通交流，增进默契与协同，采用舆情分析会、传播研讨会等方式，共同优化传播效果。要合理运用媒体监督力量，实现生态文明价值观培育的各项任务能够上下打通、落地见效。充分利用传统媒介和新媒体等各种平台，宣传呼吁社会各界积极践行简约适度、绿色低碳的生产生活方式。强化互联网企业的用户资源与传播优势，加强与新闻媒体、企业等沟通合作，提升舆论传播和引导的针对性与广泛性，来营造良好的生态文明舆论氛围。

最后，推动社会公众广泛参与生态环境保护，营造宣传生态文明的良好舆论氛围。一方面可以组织开展生态文明主题实践教育活动。同时，应注重组织公民参加相应的生态公益活动，让公民到实践中去考察人与自然的关系，从而塑造他们的生态文明价值观，在未来的生活中自觉参与到生态文明建设当中。② 另一方面可以引导公民践行绿色生活。

---

① 罗贤宇、俞白桦：《价值塑造：协同推进高校生态文明教育》，载《教育理论与实践》，2017 年第 15 期。

② 罗贤宇、俞白桦：《价值塑造：协同推进高校生态文明教育》，载《教育理论与实践》，2017 年第 15 期。

政府、学校等要鼓励师生积极参与生态校园建设，大力倡导"绿色环保、低碳生活"方式，不断动员广大师生积极参与，在全社会营造出生态文明的良好舆论氛围，着力强化生态文明理念，使生态文明价值观培育工作深入人心。[①]

总之，有效的社会动员，能够积极推动各方落实责任，深化共识、统一思想、践行政策，建立行之有效的生态文明价值观培育统一战线，加快构建各级党委领导、各级政府主导、各类企业以及全体公众共同参与的生态文明价值观培育格局，让广大群众达成共识，以此营造出生态文明的良好舆论氛围，凝聚全社会共同的强烈意志，加快推进我国生态文明价值观培育工作迈上新台阶。

三、建立有效的激励机制

当前，生态文明价值观培育亟须建立有效的激励机制。激励机制是指激励内在关系结构、运行方式和发展演变规律的总和，在组织系统中，指激励主体与激励客体之间相互作用关系的总和。在市场经济规律及"利益最大化"驱使下，各利益主体都趋向于将内部成本外部化，由此产生的社会经济问题却全部推向政府部门。如企业为实现利润最大化，不按标准进行环保改造，造成了环境的极大污染，而污染的治理却推给了政府。这种现象的产生主要是因为生态文明价值观培育激励机制的缺失。

应从以下两方面考量生态文明价值观培育的激励机制设计：一是为从事生态文明价值观培育工作的教育人员及研究人员构建具有针对性的激励机制。政府是生态文明价值观培育激励机制能够实施的坚实基础。薪酬机制、晋升机制、教师评价机制等激励机制都离不开政府政策支

---

① 罗贤宇、俞白桦：《价值塑造：协同推进高校生态文明教育》，载《教育理论与实践》，2017 年第 15 期。

持。就薪酬而言，教师的薪酬最终来源于国家和地方政府的教育投入。所以如果没有完善的政策保障体系，将无法使教师薪酬维持在一个较高的水平上。教师培训同样离不开政策保障体系的支持，政府及教育主管部门通过制度规定，让终身学习、终身教育的思想被更多的生态文明价值观培育管理者和教师接受，教育主管部门还从教师发展需要出发，制定强制性培训制度，推动教师及时更新知识和技能，以适应日趋激烈的职业竞争和日益复杂的工作环境，同时开设各类奖项，对做出突出贡献的教师及研究人员给予物质上及精神上的支持与鼓励。目前，开展的年度环保人物评选、"绿色学校"评选等活动，都有效地推进了我国生态文明价值观培育工作。二是要为积极参与生态文明价值观培育工作的社会力量构建有针对性的激励机制。建立多种激励形式，引导公民、企业及各类民间组织参与生态文明价值观培育工作，具体包括但不限于表彰先进个人与集体、发布慈善排行榜、开展非营利组织评估、宣传报道经典案例等。其中表彰先进个人与集体和宣传报道经典案例是极为重要的激励方式，能够为社会力量参与生态文明价值观培育发展营造良好的社会舆论氛围。如定期开展"生态文明先进个人""生态园林城市"等的评选活动，为个人、企业、民间组织等设立生态文明价值观培育基金①，通过建立有效的激励机制，来优化生态文明价值观的培育环境。

四、健全相关的法律制度

公民生态文明价值观的培育，离不开各项法律法规和制度体系的支持。十八大以来，我国在生态文明制度建设方面取得了很大的成就，但我国有关生态文明价值观培育方面的法律法规目前还存在一些不完善之

---

① 柴艳萍、王利迁、王维国：《环境道德教育理论与实践》，北京：人民出版社 2015 年版，第 323 页。

处。十九大报告提出"加快生态文明体制改革，建设美丽中国。"① 在加强法治建设、推进依法治国的背景下，迫切需要完善相应的法律法规，使我国生态文明价值观培育走上法制轨道，保障其持续有效地实施。

全球环境教育先进国家的历史经验揭示，在实施环境教育的过程中，它们都普遍重视法律的作用，完善的法律制度体系是培育生态文明价值观的有力保障。在市场经济体制下，以严格的立法手段来规范公众的行为，降低人类消费活动和企业生产活动对生态环境的影响，是培育生态文明价值观的重要手段之一。② 首先，完善和普及生态文明相关的法律法规。政府通过生态文明相关法律法规的完善，规范引导社会与公民的生态行为，使公民的行为活动首先不能违背自然规律。马克思指出："没有无义务的权利，也没有无权利的义务。"③ 与权利意识相伴产生的就是人的责任意识。因此，要大力宣传我国新修订的《环境保护法》中有关环境保护的权利和义务的规定。严厉惩罚破坏环境的行为，明确法律规定的公民保护环境的权利和义务，使他们自觉承担起自己的绿色责任，培育生态文明价值观。其次，确保落实环境责任追究制度，尤其是刑事责任的追究制度。2015 年，中共中央办公厅、国务院办公厅印发了《党政领导干部生态环境损害责任追究办法（试行)》，指出："实行生态环境损害责任终身追究制。对违背科学发展要求、造成生态环境和资源严重破坏的，责任人不论是否已调离、提拔或者退休，都必须严格追责。"④ 同样，对于社会公民，也建议有关部门尽快出台有关公

---

① 习近平：《决胜全面建成小康社会夺取新时代中国特色社会主义伟大胜利——在中国共产党第十九次全国代表大会上的报告》，北京：人民出版社 2017 年版，第 50 页。

② 罗贤宇：《新时代青年绿色责任的伦理意蕴及其培育路径》，载《福建论坛（人文社会科学版)》，2018 年第 8 期。

③ 《马克思恩格斯选集》第 3 卷，北京：人民出版社 2012 年版，第 172 页。

④ 《中办国办印发〈党政领导干部生态环境损害责任追究办法（试行)〉》，载《人民日报》，2015 年 8 月 18 日。

众的生态环保责任终身追究制的实施细则，加强社会公众的生态责任意识。[①] 最后，完善公民环境维权的相关制度。加强公民环境保护的维权意识。我国公民要摆正自己在保护环境中的地位，对于身边的环境污染事件要敢于维护自己的合法权益。因此，政府应不断完善公民环境维权方面的相关制度，使公民在遇到环境侵权时，可以掌握正确合理的维权方式。同时，要树立主体意识，公民在参与环境保护维权时，更加注重对法律规范的合理性思考和自己独立的价值判断，从而保障自己的权益、需要、意愿与价值得以充分实现。此外，还可以建立环境公益诉讼制度，为维护公众环境权益提供法律保障[②]，从制度层面来督促和保证生态文明价值观培育高效、有序地进行。

---

① 罗贤宇：《新时代青年绿色责任的伦理意蕴及其培育路径》，载《福建论坛（人文社会科学版）》，2018 年第 8 期。
② 罗贤宇：《新时代青年绿色责任的伦理意蕴及其培育路径》，载《福建论坛（人文社会科学版）》，2018 年第 8 期。

结　语

　　优美而宜居的生态环境是人类生存和社会经济发展的根本保障，也是人们对美好生活的向往。生态环境与我们每个人的生活都息息相关，生态环境保护问题也只有得到了社会的广泛支持才能加以解决。2019 年3 月，十三届全国人大二次会议在北京人民大会堂举行第三次全体会议，我国自然资源部部长陆昊指出："自然资源是我们和我们的子孙后代共同拥有的，利用是应该的，但如何更科学合理利用，需要我们有更大的共识。"① 这里面提到需要更大的共识就需要我们培育当代中国生态文明价值观。习近平总书记提出："在全社会牢固树立生态文明理念，形成全社会共同参与的良好风尚。"② 党的十九大报告提出："我们要牢固树立社会主义生态文明观，推动形成人与自然和谐发展现代化建设新格局。"③ 赋予了社会主义生态文明新的时代内容。从某种意义上说，公民生态文明价值观的培育及践行，是中国特色社会主义文化建设体系不可或缺的部分，是我国当前和今后生态文明建设的一项根本任务。

---

　　① 陆昊：《生态文明是我们和我们的子孙后代的共同利益》，http：//www. xinhuanet. com//politics/2019lh/2019 – 03/12/c_1210079904. htm，2019 – 03 – 12/2019 – 03 – 23（访问时间：2018 年 12 月 25 日）

　　② 中共中央文献研究室编：《习近平关于社会主义生态文明建设论述摘编》，北京：中共中央文献出版社 2017 年版，第 122 页。

　　③ 习近平：《决胜全面建成小康社会夺取新时代中国特色社会主义伟大胜利——在中国共产党第十九次全国代表大会上的报告》，北京：人民出版社 2017 年版，第 52 页。

本书在构建系统分析框架的基础上，梳理新中国成立以来我国生态文明价值观培育的历史演进，分析当前我国公民生态文明价值观培育的现状、现实困境及其产生原因。针对当前存在的问题，提出了公民生态文明价值观培育的体系构建，并得出结论：我们必须切实通过明确职责定位，落实主体责任；加强对公民生态文明价值观的引领与规约；厘定公民生态文明价值观培育的内容；丰富公民生态文明价值观培育的载体；构建良好的培育制度环境等路径来提高公民的节约意识和环保意识，培育公民生态文明价值观，在全社会形成节约资源能源、保护生态环境的良好风尚和行为习惯，为实现美丽中国目标而努力奋斗！

目前，国内外关于生态文明问题的研究，呈现明显特征：第一，是研究主题的多元性；第二，是研究主题的聚集性；第三，是研究结论的开放性。生态文明价值观培育问题，是当今学术界关注的热点话题之一，也是当前思想观点交流交锋交融最为频繁的领域之一。围绕"当代中国公民生态文明价值观培育"这一主题，在探讨生态文明价值观培育与思想政治教育之间的有机融合，以及生态文明价值观培育的评估机制和培育路径等方面，都有待更加深入、系统地挖掘与论证。本书仅对这些问题进行了粗浅的研究，所列举措未必妥帖精要，需要进一步深入开展更加严密的研究与阐述。后续的相关研究中将围绕以下问题展开进一步的探讨：

一是继续深入探讨生态文明价值观与思想政治教育的有机融合问题。本书所做的研究，从思想政治教育学科的特点出发，将促进美丽中国建设研究视角对准培育公民生态文明价值观领域，将本书研究放在思想政治教育、生态文明价值观培育的分析框架下，如何获得思想政治教育关于培育公民生态文明价值观问题的把握与理解，进而提出对策，需要我们进一步深入研究。

二是如何构建公民生态文明价值观培育的评估机制，需要深入到公民生态文明价值观培育的实践中。下一步的研究中，我们将通过进一步实地调研、问卷调查、人物访谈等方式，使公民生态文明价值观培育建立在翔实的数据基础上，从而有效把握当前公民生态文明价值观培育的实际情况，才能对我国公民生态文明价值观培育的效度和信度进行准确评估。由于培育好公民的生态文明价值观，是关乎生态文明意识、情感的培养，对于是否能有效促进美丽中国建设、促进的程度如何以及未有效促进时还需分析是哪些影响因素所致，并积极根据反馈的信息提出对策、做出调整，这是一个复杂的工作，也是本书需要进一步研究的问题。

三是继续深入探讨当代中国公民生态文明价值观的培育及其实践路径问题。当代中国正在大力推进生态文明建设，这是一项艰辛的探索，而公民生态文明价值观培育也是一个复杂的系统工程。生态文明价值观，理应成为全体公民的基本共识与自觉行动。如何将公民生态文明价值观的培育融入践行社会主义核心价值观的过程之中，并引导广大民众自觉加以实践，也应当成为今后研究与思考现实问题的重要方面。

对当代中国公民生态文明价值观培育问题的研究是一项系统工程，笔者深知任重而道远，以上提到的问题，将成为今后继续开展相关研究的问题线索。

参考文献

（一）经典著作类

[1]《邓小平文选》第 3 卷，北京：人民出版社 2008 年版

[2] 恩格斯：《自然辩证法》，北京：人民出版社 2018 年版

[3] 胡锦涛：《坚定不移沿着中国特色社会主义道路前进为全面建成小康社会而奋斗》，北京：人民出版社 2012 年版

[4]《江泽民论有中国特色社会主义（专题摘编）》，北京：中央文献出版社 2002 年版

[5]《江泽民文选》第 1 卷，北京：人民出版社 2006 年版

[6]《江泽民文选》第 2 卷，北京：人民出版社 2006 年版

[7]《江泽民文选》第 3 卷，北京：人民出版社 2006 年版

[8]《马克思恩格斯全集》第 25 卷，北京：人民出版社 1974 年版

[9]《马克思恩格斯全集》第 42 卷，北京：人民出版社 1979 年版

[10]《马克思恩格斯文集》第 1 卷，北京：人民出版社 2009 年版

[11]《马克思恩格斯文集》第 4 卷，北京：人民出版社 2009 年版

[12]《马克思恩格斯文集》第 5 卷，北京：人民出版社 2009 年版

[13]《马克思恩格斯文集》第 7 卷，北京：人民出版社 2009 年版

[14]《马克思恩格斯文集》第 9 卷，北京：人民出版社 2009 年版

［15］《马克思恩格斯选集》第 1 卷，北京：人民出版社 2012 年版

［16］《马克思恩格斯选集》第 2 卷，北京：人民出版社 2012 年版

［17］《马克思恩格斯选集》第 3 卷，北京：人民出版社 2012 年版

［18］《马克思恩格斯选集》第 4 卷，北京：人民出版社 2012 年版

［19］《毛泽东文集》第 6 卷，北京：人民出版社 2009 年版

［20］《毛泽东文集》第 7 卷，北京：人民出版社 2009 年版

［21］《毛泽东选集》第 1 卷，北京：人民出版社 2009 年版

［22］习近平：《决胜全面建成小康社会 夺取新时代中国特色社会主义伟大胜利——在中国共产党第十九次全国代表大会上的报告》，北京：人民出版社 2017 年版

［23］习近平：《习近平谈治国理政》第 1 卷，北京：外文出版社 2018 年版

［24］习近平：《习近平谈治国理政》第 2 卷，北京：外文出版社 2017 年版

［25］习近平：《在北京大学师生座谈会上的讲话》，北京：人民出版社 2018 年版

［26］习近平：《之江新语》，杭州：浙江人民出版社 2007 年版

［27］《中共中央关于全面深化改革若干重大问题的决定》，北京：人民出版社 2013 年

［28］《中共中央关于制定国民经济和社会发展第十三个五年规划的建议》，北京：人民出版社 2015 年版

［29］《中共中央国务院关于加快推进生态文明建设的意见》，北京：人民出版社 2015 年版

［30］中共中央文献研究室编：《习近平关于社会主义生态文明建设论述摘编》，北京：中共中央文献出版社 2017 年版

［31］中共中央宣传部编：《习近平新时代中国特色社会主义思想学习纲要》，北京：学习出版社、人民出版社 2019 年版

[32] 中共中央宣传部编：《习近平总书记系列重要讲话读本（2016年版）》，北京：人民出版社 2016 年版

[33] 中共中央宣传部编：《习近平总书记系列重要讲话读本》，北京：学习出版社、人民出版社 2014 年版

（二）中文著作、译著类

[1] 曹关平：《中国特色生态文明思想教育论》，湘潭：湘潭大学出版社 2015 年版

[2] 柴艳萍、王利迁、王维国：《环境道德教育理论与实践》，北京：人民出版社 2015 年版

[3] 陈红兵、唐长华：《生态文化与范式转型》，北京：人民出版社 2013 年版

[4] 陈万柏、张耀灿：《思想政治教育学原理（第 3 版）》，北京：高等教育出版社 2015 年版

[5] 陈学明：《生态文明论》，重庆：重庆出版社 2008 年版

[6] 成强：《环境伦理教育研究》，南京：东南大学出版社 2015 年版

[7] 程伟礼、马庆：《中国一号问题：当代中国生态文明问题研究》，上海：学林出版社 2012 年版

[8] 丁国君：《丁国君与绿色教育》，北京：北京师范大学出版社 2015 年版

[9] 董强：《马克思主义生态观研究》，北京：人民出版社 2002 年版

[10] 杜昌建、杨彩菊：《中国生态文明教育研究》，北京：中国社会科学出版社 2018 年版

[11] 杜秀娟：《马克思主义生态哲学思想历史发展研究》，北京：北京师范大学出版社 2011 年版

［12］段妍：《比较视域下当代大学生核心价值观培育研究》，北京：人民出版社 2016 年版

［13］高德明：《生态文明与可持续发展》，北京：中国致公出版社 2011 年版

［14］巩庆海、费洪喜、柳耀福、孙熙国：《马克思主义哲学原理》，济南：山东大学出版社 1997 年版

［15］谷树忠、谢美娥、张新华：《绿色转型发展》，杭州：浙江大学出版社 2016 年版

［16］国家林业局组织编写：《党政领导干部生态文明建设读本》，北京：中国林业出版社 2014 年版

［17］国家行政学院编写组：《〈建设美丽中国〉学习参考》，北京：人民出版社 2015 年版

［18］胡建：《马克思生态文明思想及其当代影响》，北京：人民出版社 2016 年版

［19］胡筝：《生态文化》，北京：中国社会科学出版社 2005 年版

［20］环境保护部宣传教育司编：《全国公众生态文明意思调查研究报告》，北京：中国环境出版社 2015 年版

［21］郇庆治、李宏伟、林震：《生态文明建设十讲》，北京：商务印书出版社 2014 年版

［22］季海菊：《高校生态德育论》，南京：东南大学出版社 2011 年版

［23］江传月、徐丽葵、江传英：《大学生友善价值观培育研究》，广州：广东人民出版社 2017 年版

［24］江泽慧：《生态文明时代的主流文化》，北京：人民出版社 2013 年版

［25］金建方：《人类的使命》，北京：东方出版社 2018 年版

［26］老聃：《道德经》，太原：山西古籍出版社 2000 年版

[27] 雷毅：《深层生态学思想研究》，北京：清华大学出版社 2001 年版

[28] 雷毅：《生态伦理学》，西安：陕西人民出版社 2000 年版

[29] 李纪岩：《引领与培育——当代大学生核心价值观生成的基础问题研究》，北京：光明日报出版社 2018 年版

[30] 李梁美：《走向社会主义生态文明新时代》，上海：上海三联书店 2014 年版

[31] 李龙强：《生态文明建设的理论与实践创新研究》，北京：中国社会科学出版社 2015 年版

[32] 李培超：《自然的伦理尊严》，南昌：江西人民出版社 2001 年版

[33] 李晓菊：《环境道德教育研究》，上海：同济大学出版社 2008 年版

[34] 李中华：《中国文化概论》，北京：中国文化书院 1987 年版

[35] 廖福霖：《绿色发展转化为新综合国力和国际竞争新优势研究——以福建为例》，北京：中国林业出版社 2017 年版

[36] 廖福霖：《生态文明建设理论与实践》，北京：中国林业出版社 2003 年版

[37] 廖福霖：《生态文明经济研究》，北京：中国林业出版社 2010 年版

[38] 廖福霖：《生态文明学》，北京：中国林业出版社 2012 年版

[39] 廖福霖：《生态文明知识问答》，北京：中国林业出版社 2019 年版

[40] 廖小明：《生态正义——基于马克思恩格斯生态思想的研究》，北京：人民出版社 1995 年版

[41] 刘德海：《绿色发展》，南京：江苏人民出版社 2014 年版

[42] 刘国华：《中国化马克思主义生态观研究》，南京：东南大学

出版社 2014 年版

[43] 刘国华：《中国化马克思主义生态观研究》，南京：东南大学出版社 2014 年版

[44] 刘仁胜：《生态马克思主义概论》，北京：中央编译出版社 2007 年版

[45] 刘湘溶、罗常军：《经济发展方式生态化》，长沙：湖南师范大学出版社 2015 年版

[46] 刘湘溶：《生态文明论》，长沙：湖南教育出版社 1999 年版

[47] 龙睿赟：《中国特色社会主义生态文明思想研究》，北京：中国社会科学出版社 2017 年版

[48] 卢艳芹：《科学发展观中蕴含的生态价值观研究》，呼和浩特：内蒙古大学出版社 2015 年版

[49] 鲁迅：《朝花夕拾》，天津：天津人民出版社 2015 年版

[50] 缪建东：《家庭教育学》，北京：高等教育出版社 2009 年版

[51] 内蒙古自治区环境保护宣传教育中心编：《生态文明建设和环境保护重要文件汇编》，北京：中国环境出版社 2017 年版

[52] 聂长久、韩喜平：《马克思主义生态伦理学导论》，北京：中国社会科学出版社 2019 年版

[53] 秦书生：《社会主义生态文明建设研究》，沈阳：东北大学出版社 2015 年版

[54] 秦书生：《中国共产党生态文明思想的历史演进》，北京：中国社会科学出版社 2019 年版

[55] 全国干部培训教材编审指导委员会组织编写：《推进生态文明建设美丽中国》，北京：人民出版社 2019 年版

[56] 任俊华、刘晓华：《环境伦理的文化阐释》，长沙：湖南师范大学出版社 2004 年版

[57] 任铃、张云飞：《改革开放 40 年的中国生态文明建设》，北

京：中共党史出版社2018年版

[58] 上海师范大学教育系编：《列宁论教育》，北京：人民教育出版社1979年版

[59] 沈满洪、谢慧明、余冬筠：《生态文明建设从概念到行动》，北京：中国环境出版社2014年版

[60] 沈满洪、谢慧明：《生态文明建设：浙江的探索与实践》，北京：中国社会科学出版社2018年版

[61] 舒远招、周晚田：《思维方式生态化：从机械到整合》，长沙：湖南师范大学出版社2015年版

[62] 汤伟：《中国特色社会主义生态文明道路研究》，天津：天津人民出版社2015年版

[63] 田启波：《生态正义研究》，北京：中国社会科学出版社2016年版

[64] 王浩斌：《马克思主义中国化动力机制研究》，北京：中国社会科学出版社2009年版

[65] 王玲玲：《绿色责任探究》，北京：人民出版社2015年版

[66] 王学俭、宫长瑞：《生态文明与公民意识》，北京：人民出版社2011年版

[67] 王艳：《生态文明——马克思主义生态观研究》，南京：南京大学出版社2015年版

[68] 王雨辰：《生态学马克思主义与生态文明研究》，北京：人民出版社2015年版

[69] 吴国林：《自然辩证法概论》，北京：清华大学出版社2014年版

[70] 吴宁：《生态学马克思主义思想简论（上册）》，北京：中国环境出版社2015年版

[71] 杨通进：《观念读本：生态》，北京：生活·读书·新知三联

书店 2017 年版

[72] 叶峻、李梁美：《社会生态学与生态文明论》，上海：上海三联书店 2016 年版

[73] 叶谦吉：《生态农业——农业的未来》，重庆：重庆出版社 1988 年版

[74] 余谋昌、雷毅、杨通进：《环境伦理学》，北京：高等教育出版社 2019 年版

[75] 余谋昌、王耀先：《环境伦理学》，北京：高等教育出版社 2013 年版

[76] 余谋昌：《惩罚中的醒悟——走向生态伦理学》，广州：广东教育出版社 1995 年版

[77] 余谋昌：《生态文化的理论阐释》，哈尔滨：东北林业大学出版社 1996 年版

[78] 余谋昌：《生态学哲学》，昆明：云南人民出版社 1991 年版

[79] 余正荣：《中国生态伦理传统的诠释与重建》，北京：人民出版社 2002 年版

[80] 俞吾金、陈学明：《国外马克思主义哲学流派新编·西方马克思主义卷》，上海：复旦大学出版社 2002 年版

[81] 曾建平：《寻归绿色：环境道德教育》，北京：人民出版社 2004 年版

[82] 曾建平：《消费方式生态化：从异化到回归》，长沙：湖南师范大学出版社 2015 年版

[83] 张岱年：《文化与哲学》，北京：教育科学出版社 1988 年版

[84] 张维真：《生态文明：中国特色社会主义的必然选择》，天津：天津人民出版社 2015 年版

[85] 张耀灿、郑永廷、吴潜涛、骆郁廷：《现代思想政治教育学》，北京：人民出版社 2006 年版

［86］张云飞:《辉煌 40 年——中国改革开放成就丛书（生态文明建设卷)》,合肥:安徽教育出版社 2018 年版

［87］郑永廷:《思想政治教育方法论》,北京:高等教育出版社2010 年版

［88］中共广东省委党校、广东行政学院编:《生态文明建设新理念与广东实践》,广州:广东人民出版社 2018 年版

［89］周琳:《当代中国生态文明建设的理论与路径选择》,北京:中国纺织出版社 2019 年版

［90］《思想政治教育学原理》编写组:《思想政治教育学原理（第2 版)》,北京:高等教育出版社 2018 年版

［91］卢风:《生态文明与美丽中国》,北京:北京师范大学出版社2019 年版

［92］［德］汉斯·萨克塞:《生态哲学》,文韬、佩云译,北京:东方出版社 1991 年版

［93］［德］施密特:《马克思的自然观念》,吴仲昉译,北京:商务印书馆 1988 年版

［94］［法］埃德加·莫林等:《地球·祖国》,马胜利译,上海:上海三联书店 1997 年版

［95］［美］A. 班杜拉:《思想和行为的社会基础——社会认知论（上册)》,林颖等译,上海:华东师范大学出版社 2001 年版

［96］［美］E. 拉兹洛:《用系统论的观点看世界——科学新发展的自然哲学》,闵家胤译,北京:中国社会科学出版社 1985 年版

［97］［美］艾伦·杜宁:《多少算够:消费社会与地球的未来》,毕聿译,长春:吉林人民出版社 1997 年版

［98］［美］奥尔多·利奥波德:《沙乡年鉴》,侯文惠译,南京:译林出版社 2019 年版

［99］［美］大卫·雷·格里芬:《后现代科学——科学魅力的再

现》，马季方译，北京：中央编译出版社 1995 年版

［100］［美］德内拉·梅多斯等：《增长的极限》，李涛、王智勇译，北京：机械工业出版社 2013 年版

［101］［美］德尼·古莱：《残酷的选择：发展理念与伦理价值》，高铦、高戈译，长春：吉林人民出版社 1997 年版

［102］［美］蕾切尔·卡逊：《寂静的春天》，马绍博译，天津：天津人民出版社 2017 年版

［103］［美］罗伊·莫里森：《生态民主》，刘仁胜、张甲秀、李艳君译，北京：中国环境出版社 2016 年版

［104］［美］约翰·贝拉米·福斯特：《马克思的生态学》，刘仁胜、肖峰译，北京：高等教育出版社 2006 年版

［105］［美］约翰·杜威：《人的问题》，傅统先等译，上海：上海人民出版社 1986 年版

［106］［美］约翰·罗尔斯：《正义论》，何怀宏、何包钢、廖申白译，北京：中国社会科学出版社 2009 年版

［107］［美］詹姆斯·奥康纳：《自然的理由——生态学马克思主义》，唐正东译，南京：南京大学出版社 2003 年版

［108］［日］池田大作、［英］阿·汤因比：《展望 21 世纪——汤因比与池田大作对话录》，荀春生等译，北京：国际文化出版社 1985 年版

［109］［英］戴维·佩珀：《生态社会主义——从深层生态学到社会正义》，刘颖译，济南：山东大学出版社 2005 年版

（三）中文期刊类

［1］包庆德、白玉军：《生态哲学价值论》，载《内蒙古社会科学（文史哲版）》，1994 年第 6 期

［2］宝贵贞：《出世与入世之间——论道教伦理之要义》，载《中国

道教》，2003 年第 3 期

[3] 曹孟勤、姜赟：《关于人与自然和谐共生方略的哲学思考》，载《中州学刊》，2019 年第 2 期

[4] 曹孟勤：《没有正义的正义——马克思正义思想研究》，载《南京林业大学学报（人文社会科学版）》，2016 年第 3 期

[5] 曹孟勤：《生态伦理本体的反思与重构》，载《道德与文明》，2007 年第 3 期

[6] 曹孟勤：《政府生态责任的正义性考量》，载《人民论坛》，2010 年第 36 期

[7] 陈永森：《开展生态文明教育的思考》，载《思想理论教育》，2013 年第 7 期

[8] 陈永森：《培育与社会主义生态文明建设相适应的节约理念》，载《思想理论教育导刊》，2013 年第 10 期

[9] 杜明娥：《生态价值观教育的文化启蒙意蕴》，载《海南大学学报（人文社会科学版）》，2018 年第 1 期

[10] 樊浩：《价值冲突中伦理建构的生态观》，载《哲学研究》，1999 年第 12 期

[11] 方世南、储萃：《习近平生态文明思想的整体性逻辑》，载《学习论坛》，2019 年第 3 期

[12] 方世南：《论习近平生态文明思想对马克思主义生态文明理论的继承和发展》，载《南京工业大学学报（社会科学版）》，2019 年第 3 期

[13] 方世南：《习近平生态文明思想的永续发展观研究》，载《马克思主义与现实》，2019 年第 2 期

[14] 国家环境保护局：《1991 年中国环境状况公报》，载《环境保护》，1992 年第 7 期

[15] 郇庆治、何娟：《2016 年国内生态马克思主义研究：进展与评

估》，载《云梦学刊》，2017 年第 4 期

［16］郇庆治：《生态文明及其建设理论的十大基础范畴》，载《中国特色社会主义研究》，2018 年第 4 期

［17］郇庆治：《生态文明理论及其绿色变革意蕴》，载《马克思主义与现实》，2015 年第 5 期

［18］郇庆治：《"碳政治"的生态帝国主义逻辑批判及其超越》，载《中国社会科学》，2016 年第 3 期

［19］郇庆治：《习近平生态文明思想的政治哲学意蕴》，载《人民论坛》，2017 年第 31 期

［20］郇庆治：《作为一种转型政治的"社会主义生态文明"》，载《马克思主义与现实》，2019 年第 2 期

［21］I. 费切尔、孟庆时：《论人类生存的环境——兼论进步的辩证法》，载《哲学译丛》，1982 年第 5 期

［22］李龙强：《生态价值观教育与公民环境道德养成研究》，载《商丘师范学院学报》，2017 年第 8 期

［23］廖福霖：《关于生态文化的几个问题》，载《三明学院学报》，2009 年第 1 期

［24］廖福霖：《关于生态文明及其消费观的几个问题》，载《福建师范大学学报（哲学社会科学版)》，2009 年第 1 期

［25］廖福霖：《生态生产力是先进的生产力》，载《生产力研究》，2004 年第 10 期

［26］廖福霖：《生态文明建设与构建和谐社会》，载《福建师范大学学报（哲学社会科学版)》，2006 年第 2 期

［27］刘昌松：《绿色发展理念中的生态价值观要义》，载《长白学刊》，2017 年第 2 期

［28］刘芳：《社会主义核心价值观的主体与客体向度及其培育》，载《党政论坛》，2013 年第 11 期

［29］刘魁：《生态价值观与传统文化战略批判》，载《南京理工大学学报（社会科学版）》，1999 年第 1 期

［30］刘仁胜：《生态马克思主义的生态价值观》，载《江汉论坛》，2007 年第 7 期

［31］刘晓青、薄海：《生态文明思想与社会主义核心价值观》，载《当代中国价值观研究》，2017 年第 4 期

［32］刘心村、陈启树、金永芳：《试论文明健康的生活方式》，载《社会科学研究》，1998 年第 3 期

［33］卢风：《环境教育的三个层面》，载《环境教育》，2016 年第 5 期

［34］卢风：《环境哲学的基本思想》，载《湖南社会科学》，2004 年第 1 期

［35］卢风：《论生态伦理、生态哲学与生态文明》，载《桂海论丛》，2016 年第 1 期

［36］卢风：《论生态文化与生态价值观》，载《清华大学学报（哲学社会科学版)》，2008 年第 1 期

［37］卢风：《论消费主义价值观》，载《道德与文明》，2002 年第 6 期

［38］卢风：《生态价值观与制度中立——兼论生态文明的制度建设》，载《上海师范大学学报（哲学社会科学版)》，2009 年第 2 期

［39］卢风：《"生态文明"概念辨析》，载《晋阳学刊》，2017 年第 5 期

［40］卢风：《生态文明新时代的新图景》，载《人民论坛》，2018 年第 4 期

［41］卢风：《生态文明与绿色消费》，载《深圳大学学报（人文社会科学版)》，2008 年第 5 期

［42］卢巧玲：《生态价值观：从传统走向后现代》，载《社会科学

家》，2006 年第 4 期

[43] 卢艳芹：《生态文明价值观范式的生态转向》，载《中学政治教学参考》，2018 年第 27 期

[44] 明邹：《大学生生态文明价值观培育路径简析》，载《学校党建与思想教育》，2016 年第 7 期

[45] 穆泉、张世秋：《2013 年 1 月中国大面积雾霾事件直接社会经济损失评估》，载《中国环境科学》，2013 年第 11 期

[46] 潘岳：《论社会主义生态文明》，载《绿叶》，2006 年第 10 期

[47] 潘岳：《马克思主义生态观与生态文明》，载《中国生态文明》，2015 年第 3 期

[48] 潘跃：《民政部发布〈2017 年社会服务发展统计公报〉》，载《农村百事通》，2018 年第 19 期

[49] 尚晨光、赵建军：《生态文化的时代属性及价值取向研究》，载《科学技术哲学研究》，2019 年第 2 期

[50] 佘正荣：《生态世界观与现代科学的发展》，载《科学技术与辩证法》，1996 年第 6 期

[51] 生态环境部环境与经济政策研究中心课题组：《公民生态环境行为调查报告（2019 年）》，载《环境与可持续发展》，2019 年第 3 期

[52] 孙洪坤、张毅：《构建生态文明价值观 促进生态文明村建设》，载《环境保护与循环经济》，2013 年第 7 期

[53] 孙要良：《唯物史观视野下习近平人与自然生命共同体理念解读》，载《当代世界与社会主义》，2019 年第 4 期

[54] 陶国根：《生态文明建设中协同治理的困境与超越——基于利益博弈的视角》，载《桂海论丛》，2014 年第 3 期

[55] 陶谭：《生态文明建设的思维方式和价值观探析》，载《兰州教育学院学报》，2018 年第 12 期

[56] 陶谭：《生态文明建设的思维方式和价值观探析》，载《兰州

教育学院学报》，2018 年第 12 期

[57] 田松、刘芙：《从生态伦理学视角看"敬畏自然之争"》，载《云南师范大学学报（哲学社会科学版）》，2009 年第 6 期

[58] 万建琳：《异化消费、虚假需要与生态危机——评生态学马克思主义的需要观和消费观》，载《学术论坛》，2007 年第 7 期

[59] 王凤、雷小毓：《节约型社会的内涵及其构建》，载《经济学家》，2006 年第 5 期

[60] 王雨辰：《当代生态文明理论的三个争论及其价值》，载《哲学动态》，2012 年第 8 期

[61] 王雨辰：《论发展中国家的生态文明理论》，载《苏州大学学报（哲学社会科学版）》，2011 年第 6 期

[62] 王雨辰：《论生态学马克思主义的生态价值观》，载《北京大学学报（哲学社会科学版）》，2009 年第 5 期

[63] 王雨辰：《论西方绿色思潮的生态文明观》，载《北京大学学报（哲学社会科学版）》，2016 年第 4 期

[64] 王雨辰：《生态学马克思主义的探索与中国生态文明理论研究》，载《鄱阳湖学刊》，2018 年第 4 期

[65] 王雨辰：《西方生态学马克思主义生态文明理论的三个维度及其意义》，载《淮海工学院学报（社会科学版）》，2008 年第 4 期

[66] 王志强：《论生态价值观》，载《兰州大学学报（社会科学版）》，1993 年第 1 期

[67] 魏华、卢黎歌：《习近平生态文明思想的内涵、特征与时代价值》，载《西安交通大学学报（社会科学版）》，2019 年第 3 期

[68] 翁洁：《生态文明建设的理论基础与现实路径——基于马克思恩格斯生态思想建构视角》，载《学术论坛》，2018 年第 4 期

[69] 吴灿新：《习近平生态哲学思想探析》，载《桂海论丛》，2018 年第 1 期

［70］伍进、孙倩茹：《生态文明意识与生态文明行为相关性分析——基于对高校大学生现状的调查》，载《江南大学学报（人文社会科版）》，2017 年第 6 期

［71］习近平：《推动我国生态文明建设迈上新台阶》，载《求是》，2019 年第 3 期

［72］《习近平在全国生态环境保护大会上强调 坚决打好污染防治攻坚战 推动生态文明建设迈上新台阶》，载《环境教育》，2018 年第 5 期

［73］向荣淑：《完善生态法治 推动绿色发展》，载《人民论坛》，2019 年第 7 期

［74］谢中起、张云、朱树蒂：《生态文明价值观视阈中的交往实践》，载《天府新论》，2008 年第 5 期

［75］徐春：《生态文明与价值观转向》，载《自然辩证法研究》，2004 年第 4 期

［76］薛隆基：《生态素质是民族素质的重要组成》，载《未来与发展》，1991 年第 2 期

［77］余谋昌：《从生态伦理到生态文明》，载《马克思主义与现实》，2009 年第 2 期

［78］余谋昌：《佛家环境哲学思想》，载《上海师范大学学报（哲学社会科学版）》，2006 年第 2 期

［79］余谋昌：《公平与补偿：环境政治与环境伦理的结合点》，载《文史哲》，2005 年第 6 期

［80］余谋昌：《马克思和恩格斯的环境哲学思想》，载《山东大学学报（哲学社会科学版）》，2005 年第 6 期

［81］余谋昌：《生态文明：人类文明的新形态》，载《长白学刊》，2007 年第 2 期

［82］余谋昌：《生态文明是人类的第四文明》，载《绿叶》，2006

年第 11 期

[83] 余谋昌：《生态哲学是生态文明建设的理论基础》，载《鄱阳湖学刊》，2018 年第 2 期

[84] 俞白桦：《关于加强高校生态文明建设的思考》，载《思想理论教育导刊》，2008 年第 11 期

[85] 曾建平、代峰：《公民道德建设与核心价值认同》，载《道德与文明》，2010 年第 6 期

[86] 曾建平、代峰：《生态视域下的消费文明》，载《哲学动态》，2009 年第 2 期

[87] 曾建平、郜志刚：《追求公正：中国共产党的崇高使命——从〈共产党宣言〉谈起》，载《马克思主义与现实》，2011 年第 6 期

[88] 曾建平、黄以胜：《"消费—生态"悖论的伦理意蕴》，载《中州学刊》，2013 年第 7 期

[89] 曾建平、李琳：《当代社会消费价值观四大困境及其消解》，载《江西社会科学》，2018 年第 11 期

[90] 曾建平、王玲玲：《追寻公正：和谐社会的价值取向》，载《马克思主义与现实》，2005 年第 3 期

[91] 曾建平：《环境公正：可持续发展的生命线》，载《江西师范大学学报（哲学社会科学版）》，2008 年第 3 期

[92] 曾建平：《企业的环境责任及其道德选择》，载《中州学刊》，2010 年第 3 期

[93] 张盾：《马克思与生态文明的政治哲学基础》，载《中国社会科学》，2018 年第 12 期

[94] 张磊：《新环境资源价值论——兼论生态文明的价值观》，载《生态经济》，2006 年第 5 期

[95] 张苗苗：《思想政治教育的本质是核心价值观教育》，载《教学与研究》，2014 年第 10 期

［96］张勇：《生态价值观与生态资本观：全面小康的生态文明建设观》，载《中国井冈山干部学院学报》，2017 年第 1 期

［97］周兆娟：《生态文明建设的价值观构建》，载《世纪桥》，2010年第 1 期

［98］左守秋、王伟、张彬：《生态文明主流价值观的社会功能与弘扬路径》，载《湖北函授大学学报》，2018 年第 13 期

［99］左守秋、张红丽：《以科学生态价值观引领生态文明建设》，载《人民论坛》，2014 年第 19 期

［100］左守秋：《生态文明主流价值观的培育与弘扬》，载《社会科学家》，2017 年第 7 期

［101］中华人民共和国生态环境部：《2018 年中国生态环境状况公报（摘录一）》，载《环境保护》，2019 年第 11 期

［102］中华人民共和国生态环境部：《2018 年中国生态环境状况公报（摘录二）》，载《环境保护》，2019 年第 12 期

（四）报纸类

［1］曹孟勤：《生态文明建设与生态伦理的实践转向》，载《中国社会科学报》，2013 年 5 月 31 日

［2］曹志娟：《生态文明建设的核心是统筹人与自然的和谐发展——访中国工程院院士李文华》，载《中国绿色时报》，2007 年 11 月30 日

［3］桂林航天工业学院中国特色社会主义理论体系研究中心：《大力弘扬生态文明主流价值观》，载《广西日报》，2015 年 6 月 25 日

［4］韩卫平：《"两型社会"内涵解析》，载《光明日报》，2013 年4 月 11 日

［5］郝翔：《让生态文明价值观扎根大学生思想》，载《光明日报》，2011 年 12 月 11 日

［6］何民捷：《让法治成为一种思维方式》，载《人民日报》，2013年5月14日

［7］《胡锦涛在中央人口资源环境工作座谈会上强调 扎扎实实做好人口资源环境工作推动经济社会发展实现良性循环》，载《人民日报》，2005年3月13日

［8］《"九五"（1996—2000）：宏观调控 经济"软着陆"》，载《中国青年报》，2006年3月20日

［9］李干杰：《牢固树立社会主义生态文明观》，载《学习时报》，2017年12月8日

［10］刘湘溶、罗常军：《生态文明建设呼唤人格的生态化》，载《中国社会科学报》，2013年9月18日

［11］刘湘溶：《生态文明主流价值观与生态化人格》，载《光明日报》，2015年7月15日

［12］《全国生态文明意识调查研究报告》，载《中国环境报》，2014年3月24日

［13］王利华：《中华文明孕育着丰富生态文化》，载《人民日报》，2018年8月2日

［14］习近平：《在纪念马克思诞辰200周年大会上的讲话》，载《人民日报》，2018年5月5日

［15］习近平：《在深度贫困地区脱贫攻坚座谈会上的讲话》，载《人民日报》，2017年9月1日

［16］《习近平出席二〇一九年中国北京世界园艺博览会开幕式并发表重要讲话》，载《人民日报》，2019年4月29日

［17］《习近平出席"共商共筑人类命运共同体"高级别会议并发表主旨演讲》，载《人民日报》，2017年1月20日

［18］《习近平在全国教育大会上强调 坚持中国特色社会主义教育发展道路培养德智体美劳全面发展的社会主义建设者和接班人》，载

《人民日报》，2018 年 9 月 11 日

［19］《习近平在全国宣传思想工作会议上强调 举旗帜聚民心育新人兴文化展形象更好完成新形势下宣传思想工作使命任务》，载《人民日报》，2018 年 8 月 23 日

［20］徐玉生：《扎实推进生态文明制度体系建设》，载《人民日报》，2018 年 10 月 29 日

［21］于俊如：《2018 年我国社会组织增速下滑》，载《公益时报》，2019 年 7 月 16 日

［22］于洋：《牢固树立生态文明观的价值意蕴》，载《辽宁日报》，2017 年 7 月 25 日

［23］《中办国办印发〈党政领导干部生态环境损害责任追究办法（试行）〉》，载《人民日报》，2015 年 8 月 18 日

［24］《中共十六届五中全会在京举行》，载《人民日报》，2005 年 10 月 12 日

［25］《中共中央国务院发出〈关于进一步加强和改进大学生思想政治教育的意见〉》，载《人民日报》，2004 年 10 月 15 日

（五）学位论文类

［1］戴秀丽：《生态价值观的演化及其实践研究》，北京林业大学博士学位论文，2008 年

［2］高炜：《生态文明时代的伦理精神研究》，东北林业大学博士学位论文，2012 年

［3］李巧巧：《我国生态文明价值建设的理论与实践研究》，青岛理工大学硕士学位论文，2015 年

［4］刘立元：《生态文明主流价值观研究》，河北工业大学硕士学位论文，2016 年

［5］卢艳玲：《生态文明建构的当代视野——从技术理性到生态理

性》，中共中央党校博士学位论文，2013 年

［6］孟庆林：《生态文明价值观的构建研究》，江西理工大学硕士学位论文，2010 年

［7］沈月：《生态马克思主义价值研究》，吉林大学博士学位论文，2014 年

［8］王丹：《生态文化与国民生态意识塑造研究》，北京交通大学博士学位论文，2014 年

［9］王顺玲：《生态伦理及生态伦理教育研究》，北京交通大学博士学位论文，2013 年

［10］薛扬：《生态文明价值观研究》，南京林业大学硕士学位论文，2009 年

［11］张治忠：《生态文明视野下的行政价值观研究》，湖南师范大学博士学位论文，2011 年

（六）外文文献类

［1］ Abraham E. R., Ramachandran S., Ramalingam V. Biogas, "Can It Be an Important Source of Energy", *Environmental Science and Pollution Research International*, No. 1, January 2007, pp. 67 – 71.

［2］Alan Boyle, Michael Anderson, *Human Rights Approaches to Environmental Protection*, Oxford：Oxford University Press, 1996.

［3］Andreas Duit（eds.）, *State and Environment：The Comparative Study of Environmental Governance*, Cambridge：MIT Press, 2014.

［4］Andrew Light, *Social Ecology after Bookchin*, New York：The Guilford Press, 1998.

［5］André Gorz, *Ecology As politics*, London：Pluto Press, 1983.

［6］Anna Bramwell, *Ecology in the 20th Century：A History*, London：Yale University Press, 1989.

［7］Arnold Berleant, *The Aesthetics of Environment*, Philadelphia: Temple University Press, 1992.

［8］Arthur P. j. Mol, David A. Sonnenfeld, "Ecological Modernization Around the World: An Inroduction", *Environmental Politics*, No. 1, January 2010, pp. 1 – 14.

［9］Arthur P. j. Mol, "Environment and Modernity in Transitional China: Frontiers of Ecological Modernization", *Development and Change*, No. 1, January 2006, pp. 29 – 56.

［10］Arthur P. J. Mol, Frederick H. Buttel, William R. Freudenburg (eds.), *The Environmental State under Pressure*, Emerald: JAI Press, 2002.

［11］Carl Death, *The Green State in Africa*, New Haven: Yale University Press, 2016.

［12］Eric Katz, Andrew Light, David Rothenberg. *Beneath the Surface: Critical Essays in the Philosophy of Deep Ecology*, Cambridge: MIT Press, 2000.

［13］Frank Biermann, Philipp Pattberg (eds.), *Global Environmental Governance Reconsidered*, Cambridge: MIT Press, 2012.

［14］Greta Gaard, Patrick D. Murphy, *Ecofeminist Literary Criticism : Theory, Interpretation, Pedagogy*, Urbana and Chicago: University of Illinois Press, 1998.

［15］Herman E. Daly, John B. Cobb Jr. , *For the Common Good: Redirecting the Economy toward Community, the Environment and a Sustainable Future*, Boston: Beacon Press, 1994.

［16］Herman E. Daly, Joshua Farley, *Ecological Economics: Principles and Applications*, Washington D. C. : Island Press, 2010.

［17］Jennifer Clapp, Peter Dauvergne, *Paths to a Green World: The Political Economy of the Global Environment*, Cambridge: MIT Press, 2011.

[18] Jessica Coria, Thomas Sterner, "Natural Resource Management: Challenges and Policy Options", *Annual Review of Resource Economics*, No. 3, March 2011, pp. 203 – 230.

[19] John Bellamy Foster, *Ecology Against Capitalism*, New York: Monthly Review Press, 2002.

[20] John Dryzek, Daid Downs (eds.), *Green States and Social Movements: Environmentalism in the United States, United Kingdom, Germany, and Norway*, Oxford: Oxford University Press, 2003.

[21] John S. Dryzek, David Schlosberg, *Debating the Earth: The Environmental Politics Reader*, Oxford: Oxford University Press, 2001.

[22] John S. Dryzek, David Schlosberg, *Debating the Earth: The Environmental Politics Reader*, Oxford: Oxford University Press, 1998.

[23] John S. Dryzek, *The Politics of the Earth: Environmental Discourses*, Oxford: Oxford University Press, 2005.

[24] J. R. Engel, *Ethics of Environment and Development*, Tucson: University of Arizona Press, 1990.

[25] Ken Conca, Geoffrey D. Dabelko, *Green Planet Blues: Environmental Politics from Stockholm to Johannesburg*, Boulder: Westview Press, 2004.

[26] Luke W. Cole, Sheila R. Foster, *From the Ground Up: Environmental Racism and the Rise of the Environmental Justice Movement*, New York: New York University Press, 2000.

[27] Maarten A. Hajer, *The Politics of Environmental Discourse: Ecological Modernization and the Policy Process*, New York: Oxford University Press, 1995.

[28] Murray Bookchin, *The Ecology of Freedom: The Emergence and Dissolution of Hierarchy*, Okaland, CA: AK Press, 2005.

[29] Neil Carter, *The Politics of the Environment: Ideas, Activism, Policy,*

Cambridge: Cambridge University Press, 2018.

［30］Paul Burkett, *Marx and Nature: A Red and Green Perspective*, New York: St. Martin's Press, 1999.

［31］Paul M. Sweezy, "Cars and Cities", *Monthly Review*, No. 11, November 2000, pp. 19 – 34.

［32］Paul R. Ehrlich, Anne H. Ehrlich, *One with Nineveh: Politics, Consumption and the Human Future*, Washington D. C. : Island Press, 2004.

［33］Peter Freund, George Martin, "The Commodity That is Eating the World: The Automobile, the Environment, and Capitalism", *Capitalism Nature Socialism*, No. 4, April 1996, pp. 3 – 29.

［34］Peter Freund, "The Revolution will not be Motorized: Moving toward Nonmotorized Spatiality", *Capitalism Nature Socialism*, No. 4, April 2014, pp. 7 – 18.

［35］Ramachandra Guha, *Environmentalism: A Global History*, London: Oxford University Press, 2000.

［36］Regina S. Axelrod, Stacy D. VanDeveer, *The Global Environment: Institutions, Law and Policy*, Washington, D. C. : CQ Press, 2019.

［37］Robyn Eckersley, *Environmentalism and Political Theory: Toward an Ecocentric Approach*, New York: State University of New York Press, 1992.

［38］Ronald Inglehart, *Cultural Shift in Advanced Industrial Society*, Princeton: Princeton University Press, 1990.

［39］Ruth Lister, *Citizenship: Feminist Perspective*, Basingstoke: Macmillan Press, 1997.

［40］Timothy Doyle, *Environmental Movements in Majority and Minority Worlds: A Global Perspective*, New Brunswick, NJ: Rutgers University Press, 2004.

［41］ Torleif Bramryd, Michael Binder, "Landfill Bioreactor Cells as Ecofilters for Extraction of Bio-energy and Nutrients from Solid Wastes", *The Environmentalist*, No. 4, April 2001, pp. 297 – 303.

［42］ Vic Li, Graeme Lang, "China's 'Green GDP' Experiment and the Struggle for Ecological Modernisation", *Journal of Contemporary Asia*, No. 1, January 2010, pp. 44 – 62.

［43］ Walter F. Baber, Robert V. Bartlett, *Deliberative Environmental Politics: Democracy and Ecological Rationality*, Cambridge: MIT Press, 2005.